本书得到以下国家自然科学基金项目资助

"丝绸之路甘肃段明清古建筑大木营造研究"（项目编号：51868043）

丝路甘肃建筑遗产研究

兰州传统建筑木作营造技术

叶明晖　孟祥武　范宗平　著

科学出版社

北京

内 容 简 介

本书为"丝路甘肃建筑遗产研究"书系之一的《丝路甘肃建筑遗产研究：兰州传统建筑木作营造技术》卷，基于作者多年从事兰州地区古建筑研究、设计及修缮实践的技术、经验积累，遵照现代工程设计制图标准，结合计算机辅助设计总结兰州地区传统木作技术的著作。本书的主要内容包括：兰州地区古建筑木作营造释名、古建筑的主要形式、种类、通则及权衡、构造方式及构造技术、大木制作与安装技术、斗栱的构造、制作及安装技术、古建筑中的雕刻、装饰，工程建设及修缮实践。本书对兰州地区古建筑的保护修缮、仿古建筑设计等相关工作具有重要的指导作用和参考价值，对兰州传统木作技术的传承与保护亦具有重大意义。

本书适合建筑历史与理论、文物保护、风景园林、艺术设计等领域专业技术人员以及高等院校相关专业的师生参考阅读，也可供广大文物保护爱好者阅读。

图书在版编目（CIP）数据

丝路甘肃建筑遗产研究：兰州传统建筑木作营造技术 / 叶明晖，孟祥武，范宗平著. —北京：科学出版社，2024.3
　ISBN 978-7-03-070418-4

Ⅰ.①丝… Ⅱ.①叶… ②孟… ③范… Ⅲ.①古建筑-木结构-建筑艺术-兰州 Ⅳ.①TU-881.2

中国版本图书馆CIP数据核字（2021）第220462号

责任编辑：孙　莉　吴书雷 / 责任校对：邹慧卿
责任印制：肖　兴 / 封面设计：张　放

科 学 出 版 社 出版
北京东黄城根北街 16 号
邮政编码：100717
http://www.sciencep.com

北京厚诚则铭印刷科技有限公司印刷
科学出版社发行　各地新华书店经销

*

2024年3月第　一　版　开本：889×1194　1/16
2024年8月第二次印刷　印张：17
字数：450 000

定价：180.00元
（如有印装质量问题，我社负责调换）

序　一

　　甘肃古称"雍凉之地"，她的问世似乎就被上苍赋予了某种使命般的作用。甘肃的地形东西长、南北短，两端阔大，中央狭窄，非常像古代的一把锁钥，或者一支如意。狭长的河西走廊横亘在青藏高原和内蒙古高原之间，形成了一条天然的地理通道。这里地势较为平坦，气候相对温和，利于人群聚居。古代，这里是中原通向西域的必经之路；如今，这里傲然成为欧亚大陆桥的枢纽之地。因此，古人形容甘肃的地理特征是"联络四域、襟带万里"。正是这种天设地造的优势，成就了历史上著名的"丝绸之路"。"丝绸之路"在15世纪末哥伦布发现美洲大陆开辟欧美海上通商航道之前，它是亚欧大陆上最伟大的通商道路。

　　"丝绸之路"作为世界文化遗产①一共包括新疆、甘肃、陕西、河南四省（区）的24处历史遗产地，其中甘肃境内有锁阳城、悬泉置、玉门关、莫高窟、炳灵寺、麦积山石窟6处遗产地。这些遗产地有石窟寺、古城、关隘及驿站，都属于建筑文化遗产，时代覆盖两汉、南北朝、隋唐，正是处于"丝绸之路"的功能活跃期间，为甘肃的历史作用提供了坚实的物质证据。

　　宋元明清以来，政治中心东移，海上商道勃兴，京杭运河开通，曾经穿行于河西走廊的"丝绸之路"逐渐失去了驼队马帮的喧闹，变成历史长河中的文化积淀被岁月的时光掩藏起来。但是，建筑所具有的承载和展现传统文化的机能，却如同薪火般一茬接一茬地传续着，在黄土高原上催生出美轮美奂的建筑。

　　"丝路甘肃建筑遗产研究"丛书一共12卷，翔实记载了明清时期的甘肃建筑（如果用当下时髦的词语，可以说成是"后丝绸之路"时期的甘肃建筑）。这部丛书主要由建筑实测图录、建筑营造技术、建筑文化研究三大部分组成。每个部分又分为四卷，从建筑的历史沿革、文化意义、整体布局、单体特征到营造的梁架构造、土木技术、装饰彩画……甚至把甘肃当地通行建筑营造术语都专门做了解释。洋洋洒洒，可谓全矣。我们可以把这套丛书里面的建筑看作是前面提到的甘肃6处"丝绸之路"遗产地的补充或接续，由此构成一个上迄两汉、下止明清的介绍甘肃古代建筑的小型全书。

　　这部丛书有这样几个特点：第一，它较为详实地记录了明清时期的建筑，主要是散布在城

---

　　① 全名为"丝绸之路：长安-天山廊道的路网"，2014年世界遗产大会公布为世界文化遗产。

镇乡村的寺庙宅院。与衙署府邸相比，这些寺庙宅院在封建社会中虽然等级卑低，但是，在建筑形制和营造手法上具有显著的乡土特征，是反映当时社会经济文化生活诸方面的实例，堪称具有特色的地域建筑。第二，作者对于甘肃建筑的传统营造技艺做了专门的论述。由于我国的传统木结构营造技艺属于非物质文化遗产的范畴①，表明作者注意到了建筑遗产中物质文化遗产与非物质文化遗产的共生性，因而次第开展建筑的物质文化属性和非物质文化属性的研究，形成了既统一关联又鞭辟入里的研究成果。第三，作者系统地收集编撰了甘肃建筑的营造术语，并且把这些地方化的营造术语做出简明的解释，极大地方便了读者对于全书内容的理解，可谓匠心独运。

这部丛书是几位在高校任教的中青年教师积累十数载心血的成果。他们作为新时代的教育工作者，深知心怀的使命和肩负的责任，深刻理解"保护好古建筑、保护好文物就是保存历史，保存城市的文脉，保存历史文化名城无形的优良传统"②的意义。因此，他们利用教学之余，组织起来专题调研小分队，不计偏远、不惧贫苦、不怕辛劳，深入到历史建筑遗存的所在地，几乎跑遍了甘肃境内的区县乡镇，惟求得获历史建筑真容为快乐，尝试揭示中国传统文化对于建筑营造的影响，破译历史建筑蕴含的传统文化遗传密码。

希望这部丛书的出版能够进一步推动甘肃历史建筑的研究，促进建筑遗产的保护利用，繁荣丝绸之路的城市文化建设。

北京建筑大学教授

2021年8月26日（时值兰州解放日）

---

① 2009年8月，中国传统木结构营造技艺入选联合国教科文组织人类非物质文化遗产代表作名录。

② 摘自《福州古厝·序言》，福建人民出版社2002年5月出版。2002年，时任福建省省长的习近平同志为《福州古厝》撰写了序言。

序　二

　　丝绸之路，全长总共7000多公里，在甘肃境内就有1600多公里。甘肃地区的文明发源于秦安的大地湾文化，距今已有8000多年的历史。因此，"丝绸之路三千里，华夏文明八千年"应该是对甘肃丝路历史文化的真实写照，也是对甘肃厚重历史文化的最好诠释。建筑是历史文化的记忆，更是传统文化的基因，故而，丝路甘肃的建筑遗产具有极高的历史与文化价值，为研究丝绸之路的形成和发展过程以及影响因素提供了丰富和宝贵的研究资源。但是，近年来对于甘肃建筑历史的研究还是相对匮乏，这对于甘肃、西北乃至全国的建筑历史研究都是不小的缺憾。

　　"丝路甘肃建筑遗产研究"丛书主要是基于古建测绘、文献研究对甘肃地区建筑遗产的样式、做法与文化进行研究与展示。作者通过对该区域内大量的历史建筑进行踏勘，同时结合历史文献进行辅证，以丝绸之路甘肃段上的重镇作为切入点：首先，对现存的建筑遗产进行全面、系统、详细的现状勘察以及典型建筑的测绘；其次，对具有区系特征的典型营造技术的建筑智慧进行深入挖掘；最后，进一步对典型建筑遗产的历史文化内涵进行解读。由此，全套图书形成了实测图录、营造技术以及建筑文化三个重要组成部分。不仅展现了甘肃传统建筑物质空间的特征，而且呈现了其独特的营造技艺，还在建筑文化的地区系统研究上进行了尝试，给读者呈现了甘肃建筑遗产风貌的多层次性。

　　建筑是人类文明最重要的结晶，除那些已被列为文保的建筑之外，大多数传统建筑都处在不断因应自然与人类社会变化的过程当中。这一过程导致了众多建筑遗产的不断消失，尤其在西北地区欠发达区域，快速的经济建设对于历史建筑的破坏是很大的。在这种现状背景下，抢救性地对这些建筑遗产进行测绘以及探讨区域性建筑的营造特色，一方面会有助于区域性历史建筑的保护修缮；另一方面也会对区域建筑文化可持续发展的理论、方法、策略的建立提供参考资料。孟祥武博士及其研究团队在这一研究中投入了大量的时间，其带领众多建筑学子在一线不辞辛劳、日复一日地进行调查测绘和研究工作，从而获得了丰硕并富有启发性的研究成果。孟祥武博士曾在他的博士论文中对"生土建筑"的研究与发展趋势提出了"再审视"的见解，这也提供了一个系统认知建筑遗产历史变化的重要视角，也用在了这部丛书的研究之中。因此，"丝路甘肃建筑遗产研究"丛书是一次扎实的基础研究与区域建筑体系研究的尝试，是对于甘肃地区建筑遗产研究的重要补充与完善。

习近平总书记在十九大报告中深刻阐明："文化是一个国家、一个民族的灵魂。文化兴国运兴，文化强民族强。没有高度的文化自信，没有文化的繁荣兴盛，就没有中华民族伟大复兴。"丝绸之路甘肃段建筑遗产是中华优秀传统文化的一个重要组成部分，对其进行挖掘研究是贯彻十九大精神的很好体现，孟祥武博士团队的这套丛书无疑是对丝绸之路甘肃段优秀传统建筑文化的一次集中整理和展示。

相信"丝路甘肃建筑遗产研究"这套丛书能够为关注区域建筑历史遗产保护，以及关心甘肃历史、建筑文化的人们提供有益的参考和启发。

西安建筑科技大学教授 王军

2021年8月27日

前　言

　　中国传统木结构建筑分布在中国广袤的大地上，会因地理环境、自然气候、经济文化、工匠技术等的差异而呈现出不同的形态面貌。但传统木结构建筑"不只木建筑"，在它的背后，展示着中国匠人精湛的营造技艺，蕴含着中国古人独特的审美意象和广博的文化内涵，凝聚着中华文明优秀的科技智慧。中国传统建筑是以木结构框架为主的建筑体系，其木结构营造技术历经几千年的发展，已经形成了一套成熟的、完备的、富有特色及生命力的营造技技术体系，同时又在不同区域形成了各具特色的匠派做法。

　　甘肃地区虽地处边陲，但是经过自然、人文、经济等综合条件的历史沉淀，也形成了区域性的典型营造技术，学界提到较多的是"河州做法"与"秦州做法"，比较有影响力的流派当属进入国家级非物质文化遗产名录的"永靖古建筑修复技艺"的匠人群体，也是近年来一直活跃在甘肃地区建筑文物保护项目中的匠作队伍。但是，随着我们对于文物建筑保护修缮工作认知的不断深入，发现兰州地区仍然存在属于本土的、原真的、具有工匠派系分异的木作营造技术，且现存的一些传统建筑都是由这些本土工匠运用成熟的营造技术完成的。只是由于公司企业改制问题，加之工匠后继无人，才使得越来越多的地方工艺做法被其他做法所代替，从而形成了对兰州地区木作营造技术的遮蔽现象。这对于文物建筑的保护而言，是一个不可小觑的问题。

　　兰州自秦朝设县以来已有2200多年的城建史，自古就是"联络四域、襟带万里"的交通枢纽和军事要塞，其得益于丝绸之路的历史发展，使其成为重要的交通要道与商埠重镇。城市地位的提升，促进了建筑营造技术的大交融，尤其明代肃王迁府至此，带来了江浙、晋陕地区的能工巧匠，他们与当地的工匠不断融合创新，从而形成了兰州地区木作营造技术的整体风格。首先，明初肃王在当地进行大量的官方敕造活动，官式营造技术由此大量传入兰州，兰州现存的明代木构建筑中存在许多和明代官式建筑相一致的典型做法。其次，外地的工匠将一些其他地区的建筑形制做法引入到地方建筑体系中融合发展，如南方"轩"的做法大量出现在兰州地区的传统木构建筑之中。

　　除此之外，我们还能够看到这套木作营造技术体系已经有了自己的语言，很多构件未必能在官式建筑当中找到，并且针对地方自然、人文以及经济环境发展的不同，体现出其自身做法的优势。以斗栱为例，我们可窥知一二：首先，兰州是地震多发地带，传统建筑利用栱子、担子、条枋等构件纵横交错，榫卯搭接，形成诸如单彩、角彩、方格彩、天罗伞等多样的斗栱结构形态，有效地防止了建筑发生不均匀沉降的现象。其次，斗栱在垂直方向上根据各自的算法规律，由下至上不断地放大重复水平单元层，将各构件结合成一个牢固且富有装饰性的立体结构体系。再次，在应对不同等级规模的建筑时，斗栱的选择可简可繁，繁者如破角方格彩、八角单彩等，组合构件多达百余件；简者如一步栱子，仅三五件构件，更甚者又省去大斗、小升等构件，把檐下结构做到极简化。诸如此类的营造做法不胜枚举，这就说明兰州地区传统木作营造技术经过千百年的交融与沉淀，已然形成了具有区域性建筑特征的独特木作营造技术体系。

《丝路甘肃建筑遗产研究：兰州传统建筑木作营造技术》作为对地方营造技术体系的综合体现，同时也是"丝绸之路甘肃段建筑遗产"系列图书中"古建筑营造技术"的第一卷，其意义重大。这也是对即将消失的一种非物质文化遗产的抢救性记录与历史性定位。它是兰州理工大学建筑历史团队耗时多年对兰州地区古建筑深入研究的重要成果。大家本着对传统建筑文化遗产的敬畏，细致测绘、审慎绘图、斟酌阐释，这其中包括从构件释名到类型构造特征，再到营造逻辑等一系列的研究。团队试图将兰州地区的传统建筑木作营造技术较为客观、准确地展现在各位读者面前。

叶明晖

2021年10月10日

目　　录

附 图 目 录

x

第一章　兰州传统建筑概况

兰州地处中国西北地区，是中国大陆陆域版图的几何中心，孙中山先生在《建国方略》中称兰州为中国的"陆都"。

2200年前，秦始皇始置榆中县，为兰州地区最早的行政建置；2100年前，汉昭帝在今兰州始置金城县；1400年前，隋文帝改金城郡为兰州，置总管府；650年前，明太祖置兰州卫；280年前，清高宗改称兰州府。70年前，兰州解放，正式成为甘肃省省会。

千百年来，兰州先后接纳了汉、羌、匈奴、鲜卑、吐蕃、党项、蒙古、回等20多个民族。多元民族的交融与发展，形成了兰州地区独特的黄河文化、丝绸文化和军事文化，积淀了丰富珍贵的文化遗存。传统建筑作为文化传承的载体，依然存留着这些文化的印迹，在千百年的历史更迭之中逐步形成兰州地区传统建筑的文化特点和民族特色。

第一节　传统建筑概述

兰州地区有史料记载的早期传统建筑多以寺庙为主，并有"两山、两庙、三寺、三观、三塔"[①]之说，其中"两山"是有"南泉北塔"之称的五泉山和白塔山，现存有很多传统建筑，"两庙"即清代的府文庙和府城隍庙，"三寺"即庄严寺、普照寺和嘉福寺，"三观"是金天观、东华观和白云观，"三塔"即嘉福寺的木塔、白塔山的白塔和白衣寺塔。从现有的历史建筑遗存考证，兰州地区的传统建筑大致兴建于隋唐，发展于宋元，定格于明清（图1-1-1）。

（一）隋唐时期大规模兴建佛教寺院建筑

在兰州地区现存的传统建筑中，始建时间记载最早的是"三寺"（庄严寺、普照寺、嘉福寺），均创建于初唐。

庄严寺，原为隋末"西秦霸王"薛举故宅，原址位于城关区旧城中心鼓楼西侧（今兰州日报社院内）。原建筑群规模宏大，布局严谨，三进院落，由山门、朝房、过殿、大殿、后殿等

---

① 赵鑫宇. 兰州历史时期城市儒、释、道及民间宗教场所建筑研究［J］. 地域文化研究，2018，（4）：93-103.

图1-1-1 《金城揽胜图》(成画于清同治至光绪年间,持有人吴钧,题跋成昌)

主要轴线建筑,以及东、西配殿、厢房、钟鼓楼及跨院、后花园等附属建筑与园林组成。1995年旧城改造,对庄严寺进行易地保护,新址选定在五泉山公园西南隅的二郎岗。前后历时10年,完成了前、中、后殿的复建,并修建了仿古牌楼与围墙(图1-1-2)。2013年,作为五泉山建筑群的一个组成部分,成为第七批全国重点文物保护单位。

图1-1-2 庄严寺复建效果图

普照寺,始建于唐太宗贞观年间(约627~649年),旧址位于武都路中段的兰园少年宫(今已拆),寺院的规模很大,南起武都路,北至张掖路。昔日全盛时,殿宇雄伟、塑像精美、文物众多,为兰州诸寺院之冠。旧有大小殿堂10余座,建筑宏伟,自南向北中轴线上依次建有山门、金刚殿、天王殿、大雄宝殿、法轮殿、藏经楼，东西两侧有配殿、钟鼓楼，东北部为观音堂，亦称槐柏禅院。

嘉福寺，据清光绪张国常纂修《重修皋兰县志》载："嘉福寺，旧名宝塔寺，俗名木塔寺，在城内西北隅，唐贞观九年（635年）高昌王建，元至元年间重修，赐名嘉福，明永乐中重建，宣德六年（1431年），成化三年（1467年），嘉靖三十五年（1556年）肃藩屡修。国朝（清）康熙二十五年（1686年）巡抚叶穆济、道光十三年（1833年）总督杨遇春再修。"嘉福寺旧址位于今木塔巷至永昌路北段之间，现寺内建筑均已不存。寺内木塔是兰州建造最早、最有名望的佛塔，在《金城揽胜图》中与白塔山白塔遥相呼应。木塔为楼阁式塔，高十三层，八角形平面，塔内各层均设楼梯可登临凭栏远眺。木塔于康熙二十五年（1686年）毁于火灾，重建后又于同治十三年（1874年）被焚，自此木塔名存实亡。嘉福寺为早期前殿后塔式格局，自南向北轴线上依次有山门、大雄宝殿、木塔、毗卢阁、药师殿、斗母殿、文殊殿、普贤殿等建筑。

（二）宋元时期南北两山发展，儒家建筑兴盛

兰州市区是典型的"两山夹一河"的河谷型地貌，南有皋兰山，北有白塔山，皋兰山北麓即五泉山。两山古建筑大致于宋元时期发展起来，山上的寺庙宫观一直是民众烧香拜佛、休闲踏青的最佳去处。

"五泉山"称谓在文献中始于元代，据《大元一统志》记载所知，皋兰山在兰州南五里，下有五眼泉，相传是汉霍去病击匈奴至此，以鞭戳地而泉出。五泉山故以此命名，山上建筑群也于此时开始营建。现存的五泉山古建筑群始建于元，后经历代整修、迁建，尤其在20世纪五六十年代旧城改造时，将主城区很多古建筑迁建至此，而形成了现在的格局。主要包括庄严寺、浚源寺、二郎庙、文昌宫、大悲殿、武侯祠、地藏寺、嘛呢寺、酒仙祠、千佛阁、三教洞、清虚府、万源阁、青云梯、木牌坊、山门、半月亭、企桥、秦公庙、太昊宫、澄碧滴翠水榭和漪澜亭，共22组，建筑面积1万平方米，分布在五泉山中山麓、西山麓及东山麓[①]。五泉山建筑类型体现了释、儒、道、俗等多元文化类建筑的集合[②]（图1-1-3）。2013年，五泉山建筑群成为第七批全国重点文物保护单位。

白塔山古建筑群始建于元初，最早的建筑当属白塔。据明嘉靖二十七年（1548年）所立《重修白塔寺记》载"吾兰之河山北，原有白塔古刹遗址。正统戊辰间，太监刘（永成）公来镇于此。暇览其山，乃形势之地。于是起梵宫，建僧居，永为金城之胜景"。白塔是元初为纪念在此病逝的萨迦派高僧而建，采用了独特的汉藏结合形式，塔身部分由下部喇嘛塔的圆肚式覆钵和上部汉地八边形楼阁式砖塔组合而成，高七层，形制甚是罕见。此后白塔山经过明清两代大规模的开发，形成释、儒、道三教融合的"白塔山胜景"。现在的白塔山建筑群格局

---

① 甘肃省文物局官网：五泉山建筑群http://wwj.gansu.gov.cn/wwj/c105497/201801/c69fe0aae0294294b297fdebfecb4e7c.shtml.

② 陈华. 兰州五泉山古建筑群研究［D］. 西安：西安建筑科技大学，2009：35.

第一章 兰州传统建筑概况

图1-1-3　五泉山建筑组群鸟瞰图

形成于兰州解放初期，是1958年在规划大师任震英先生主持下开始建设的，在保留原有古建筑（白塔寺、三星殿、法雨寺、三官殿、凤林香袅牌坊、云月寺6处明、清建筑）的前提下，利用城市改造拆除下来的古建筑材料和部件，再加以改造、重新组合，因材施用，因材设计，营建成了气势宏伟的一、二、三台建筑群及百花亭、迎旭阁、喜雨亭、驻春亭、五角亭、六角亭、东风亭、金山大殿等十余组建筑，总建筑面积约3021.26平方米，占地面积约7826.19平方米①（图1-1-4）。2016年，成为甘肃省第七批省级文物保护单位。

图1-1-4　白塔山建筑组群鸟瞰图

"两庙"，府城隍庙和府文庙，初创建于宋元时期，是分别祭祀城隍神与孔子的公共信仰场所。府城隍庙，原名为城隍祠，简称隍庙（图1-1-5）。位于张掖路中段街北，庙内所供奉的城隍爷是汉朝大将纪信，据《重修皋兰县志》载："又案黄谏《城隍庙

① 甘肃省文物局官网：白塔山建筑群 https://wwj.gansu.gov.cn/wwj/c105497/2018021/c69fe0aae0294294b297fdeb fecb4e7c. shtml

图1-1-5 兰州府城隍庙牌坊

记》：'金明昌丙辰尝修葺之'，则庙之建当在宋时矣。"① 可知城隍庙始建于宋，后期经多次重修，现存建筑群格局大致于清道光年间基本形成。城隍庙是一座四进庭院式的古建筑群，最前端牌楼由节园颜妃墓前的"遗阡牌坊"改建而成，一进院正中过厅后部接戏楼；二进主院建有享殿五间，左右为钟楼和鼓楼；享殿后面是正殿，左右长廊分列六属城隍及曹官祠、山神土地祠；最后是客堂，两侧附有眼光、痘疹二祠。城隍庙历史上屡遭火灾，重复修缮，是兰州道教活动的场所。1993年被公布为甘肃省第五批省级文物保护单位，2013年被公布为第七批全国重点文物保护单位。

兰州府文庙又称兰州孔庙、圣庙，曾是甘肃境内最大的一座孔庙，旧址位于兰州内城南门崇文门内，西临酒泉路，南至城墙根文庙巷，东临曹家巷，北抵武都路，核心地即现在兰州二中的校园内，占地达30亩。文庙在明清两代多有修缮、扩建，在康熙年间布局趋于完善，原建筑坐北朝南，呈三路12组建筑，整体规模宏大，气势宏伟。民国和"文革"期间，文庙建筑遭受严重破坏，现仅存大成殿一座建筑，1981年被公布为甘肃省第四批省级文物保护单位（图1-1-6）。大殿面阔七间，进深三间，单檐歇山顶，屋面覆黄琉璃瓦，正脊为花脊，两端施吻兽，中置宝瓶三座。垂脊、戗脊上坐垂兽、戗兽，翼角有套兽，均为琉璃构件。前檐五间装五抹槅扇门，两端尽间设槛墙槛窗，建筑整体庄严大气、精致华丽。

（三）明清时期道教宫观繁荣

明清时期是兰州传统建筑建设的高潮期，尤其明肃王朱楧及其继任者们在兰州城区修建了大量生活设施和寺院宫观。道教宫观的兴盛主要表现在"三观"上。

---

① （清）张国常.《重修皋兰县志》卷16《祀典》. 兰州：陇右乐善书局、甘肃政报局，1917.

图1-1-6　兰州府文庙大成殿

金天观，俗称"雷坛"，因观内供有雷祖神像，又位于雷坛河畔，故得此名。原为唐代所建云峰寺，宋代改建为九阳观，明建文二年（1400年）肃庄王朱楧在此营建道观时，因地处城池正西，在五行中西方属金，故更名为金天观。后期多有修缮增建，1956年被辟为兰州市工人文化宫，2013年被国务院公布为全国重点文物保护单位，经明、清两朝屡次修缮、增建，形成了现布局规模，占地面积26014平方米，建筑面积约4000平方米。金天观坐北向南，依中、东、西三条轴线布局。中轴线由南向北依次排列着九天门、元坛祠、法祖堂、真武祠、天师殿、雷祖殿及长廊、三清殿、玉皇阁、老子殿；东轴线依次为大门、过厅、魁星阁及其东西厢房、文昌宫、文昌宫东西厢房、云水堂；西路轴线依次为三公祠、慈母宫、华佗殿、道教大殿等[①]。金天观是甘青地区目前保存最为完好、规模最大的道教建筑群之一（图1-1-7）。

图1-1-7　金天观建筑组群鸟瞰图

①　甘肃省文物局官网：金天观http://wwj.gansu.gov.cn/wwj/c105497/201801/5c26984e7f6649d9a803726d79de6230.shtml.

丝路甘肃建筑遗产研究：兰州传统建筑木作营造技术

东华观，亦称玄妙观，出自《老子》："玄之又玄，众妙之门。"该建筑组群现已不存，其旧址位于东大街西（今张掖路城关区人民医院西侧），北宋时期创建，规模较小，后期多有增建，明肃定王朱弼桃继任藩王时进行重修改为东华观。建筑群坐北朝南，三进院落，自南向北主轴线上分别有观门、东华殿、三清殿、通明轮藏阁，东廊为钟楼、天皇、东极、三官等殿，西廊为鼓楼、紫薇、九天、三师诸殿[①]。据《新兰州》[②]记载，通明轮藏阁阁中木轮制作极其精巧，轮上塑有九曜二十八宿，人在下面推动木轮，木轮上的星宿就会逐渐移动，是古代能工巧匠的巅峰之作。

白云观位于兰州市城关区滨河东路987号，清道光十七年（1837年）为奉祀吕洞宾而建。坐南向北，一进三院，西侧有跨院。中轴线由北向南依次建有山门、戏楼、前殿、中殿和后殿。前殿前东西两侧建有东西厢房和钟、鼓楼，前、中殿间两侧建有配殿，文物建筑面积约3240平方米，占地面积约6495平方米（图1-1-8）。山门中门洞上方有砖雕"升云得路"四字，门楣悬挂邓宝珊所题"白云观"匾额，钟楼下层墙体上嵌有《白云观捐言碑》，戏楼东侧立《白云观香火老社碑记》，西侧立《白云观住持党公碑记》[③]。2016年，成为甘肃省第七批省级文物保护单位。

图1-1-8　白云观建筑组群鸟瞰图

---

① 邓明. 兰州史话［M］. 甘肃：甘肃文化出版社，2005：64.

② 1947年"和平日报兰州社"编印的一本宣传小册，介绍了兰州的历史沿革、区域简图、交通情形、名胜古迹、著名物产、风土人情等。

③ 甘肃省文物局官网：白云观http://wwj.gansu.gov.cn/wwj/c105528/201712/a78b8e92d18447f9bac62abf03f6f2e3.shtml

第二节　传统建筑形式及匠师流派

一、建筑形式

兰州传统建筑在秦州工艺、河西工艺以及河州工艺的多重影响下，加之本土匠师的创新，虽然现存只有歇山、悬山、硬山、攒尖四种基本形式，但屋顶组合与构造形式却很丰富。因为兰州地处内陆，地理区位偏远，整体规制较低，所以尚未发现庑殿类建筑，而歇山类建筑就成了兰州地区等级最高的屋顶形式，主要有单檐歇山、重檐歇山、卷棚歇山、单檐卷棚抱厦歇山及楼阁式单檐歇山等；悬山有单檐悬山及卷棚悬山，尤其内卷式悬山成为兰州悬山建筑的主流；硬山建筑有单坡、双坡及一殿一卷式等。亭是攒尖类建筑的主要代表，也是构造做法最丰富的一类，从平面形式上有三角、四角、五角、六角、八角、扇形、蝴蝶形等，屋顶形式则有单檐、重檐、歇山、盝顶、重檐转角及卷棚等。除此之外，还有组合式屋顶，分为层叠式、勾连搭式及抱厦式等，层叠式常见下层用悬山顶，上层用歇山顶；勾连搭式则有硬山、悬山、歇山相互两种形式组合起来的复合式屋顶形式；抱厦式则有前后抱厦、左右抱厦及前抱厦等形式。

兰州其他建筑常见的诸如垂花门、游廊、牌楼、钟鼓楼及戏台等。尤以牌楼和戏台相对较多，牌楼基本上全为木质柱不出头式，有二柱一间一楼、二柱带跨楼、四柱三间三楼、四柱三间七楼、双排四柱三间三楼、双排六柱五间三楼等。戏楼建筑地域性特征很强，尤其是室外戏楼，多依托于祠、观及会馆等场所。大多与山门结合而建，独具特色。这种山门式戏楼有两大功能：其一，临街面作为通行的大门；其二，内侧面作为表演的戏台，戏台下为进入内院的通道，二者在建筑形式上合二为一，营造意匠十分精巧。

二、匠师流派

兰州地区频繁的营造活动，离不开能工巧匠的高超技艺，早期营造活动中主持修建的匠人已无籍可考，尚未发现明清以前的建筑遗存。现兰州工匠体系最早可以追溯到明初，其匠籍管理沿袭元代"匠户"制度，将工匠分为三个等级，即"官匠户""军匠户"和"民匠户"[①]，如临近兰州的东乡（今临夏回族自治州永靖县东乡乡）就留有大量的元朝工匠[②]，说明工匠往往是世袭传承的职业。

由于匠人文化水平不高且鲜有文字记载留存，早期的匠师流派无从考据，但从官方的相关录著中可知，明初肃王迁府至兰，带来大批军民，其中不乏能工巧匠者，这为兰州的匠作技艺带来了更新发展。他们来自全国各地，主要以江苏、四川、山西等地为主，大量的移民带来了先进的物质文化和中原文化，为兰州地区传统建筑发展奠定了坚实基础。肃王迁兰后敕造的大

① 李传文. 明代匠作制度研究［D］. 中国美术学院，2012.
② 马志勇. 临夏史话［M］. 甘肃文化出版社，2009.

量官方建筑，也为官方匠作团队和地方匠作团队提供了合作、交流的契机，打破了原有的营造技艺传播路径，为促成本土营造技艺体系的进一步发展开拓了新的方向。

（一）工匠工种

兰州地区传统建筑历经长期的营建实践后，逐渐形成本土地域特色，木作营造技艺也在演变和发展过程中形成本土营造技术体系。建筑营建需要多工种协调合作，涉及工种主要包括木、瓦、石、油漆、雕刻、彩画等，营造过程分工精细，各工种间相互协调，配合默契。在实际木作建筑的营造活动中，大木匠师处于主导地位，往往是一位大木匠师，带领着徒弟和经常合作的木匠师傅组成营造队伍，团队中又细分为作头、掌尺、贴尺、遥刀等工种。作头，即具体施工项目中的组织者，负责牵头和东家商定工程中的相关事宜，李伯秦[①]家族祖上多代都是作头；中华人民共和国成立之初，刘註年[②]、赵福元[③]均是有名的作头。掌尺，主要专职木构建筑的设计、画线以及木作任务分配等，段树堂、李伯秦、李吉祥三人是兰州本地有名的掌尺。辅助掌尺操作抬尺、画线等工作的称为"贴尺"，其余配合辅助掌尺的匠人均称作"遥刀"。此外，专司雕刻的木匠称为"削活匠"，缘于兰州木刻技法擅长用刀"削"而得名；专门负责木作建筑中踏条、踏板制作的称为"踏子匠"。

（二）学艺方式

古时木匠是一项比较重要的职业，由于木工没有三到五年是学不成的，所以大家对木匠还是比较尊重的，往往在称呼后面加上个"师傅"二字以示敬重。兰州地区大木匠师技艺传承主要有拜师学艺和家族授艺两种形式，前者先从学徒做起，入门后，先干粗杂活儿，担水、扫地、拉锯、磨刨刃、锉锯，干上一年左右，师傅才叫跟着学推刨子、凿眼等下手活儿，以后逐步捉锛、抡斧、打线、开料，逐渐掌握"砍、锯、凿、削、刨"等技能。在授业过程中师傅往往对于核心技术有所保留，只有被师傅认定有德行、有韧劲的徒弟才有可能学成出师。家族授业是以家族为主导的授业形式，既是师徒又或是父子、叔侄、兄弟、翁婿等，这种形式便于形成匠派、匠帮队伍。在行业中，拜师学艺和家族授艺界限并不分明，如木匠世家王家的人是可以拜师到李家门下学艺的。据《七里河志》记载，清末，兰州城中宁卧庄王家，家中有五个儿子，均是大木匠，其中王大爷曾在城中李家李伯秦的爷爷门下学艺。中华人民共和国成立后多次参与南、北两山公园、工人文化宫、城隍庙等古建筑修缮工作的木匠魁首刘註年，也曾在崔家崖王氏门下学艺。兰州城中王家、李家等除家族授艺外，更是广收徒弟，段树堂先生就是拜师于王家王三爷门下。家族授艺和拜师学艺的交流学习有助于匠帮、匠派队伍的扩大，更有利

---

① 李伯秦，也有记作李柏清，新中国成立之初与段树堂、李吉祥齐名的大木匠师。

② 刘註年，（1903—1989年），马滩人，在当时为木匠之首，人称刘作头。

③ 赵福元，不详，为新中国成立初期有名的大瓦匠，当时有名的作头，后文的冯祥延师傅曾拜于门下学习瓦工。

于传统营造技艺的传承。

（三）匠帮匠派

根据大木匠师范宗平师傅的口述和文献资料查阅，兰州地区的匠帮、匠派是以匠人活动区域划分的，大体上分为兰州市区、榆中和皋兰三大匠派。清末民初时，兰州城区内主要有王家、李家、蓝家、高家、卡家等五大木匠世家，均是中华人民共和国成立后城中有名的大木匠师。同时，城南有田家父子，城西有梁智虎，城中有冯家兄弟几人，他们也多有建造活动。此外，皋兰有林家、榆中有贺家师徒几人、窦家及颜进安兄弟五人均为晚清至中华人民共和国成立后出名的大木匠师。1992年重修玉佛寺（其前身为稍门寺），窦家以家族之名承接，也是仍在从事大木作营造活动的匠派。关于文献中记载的匠人活动情况，兰州地区记载最早的匠人是郭文达，清顺治年间人，桥门清真寺的掌尺。清光绪元年，兰州城中甘家主持修建了万源阁，但其传人已无从得知。民国八年，城中王家的王大爷和王三爷在刘尔忻组织修缮五泉山公园时担任掌尺，参与重建五泉山大雄宝殿、新建太昊宫以及万源阁搬迁等新建、修复工程。中华人民共和国成立后，段树堂、李伯秦、李吉祥三位先生是兰州城中最优秀、最出名的大木匠师，段树堂先生以"尺子活儿"[1]最为出名。

各个匠派、匠帮之间存在千丝万缕的联系，以城中王家为例，家中有五个儿子，均是木匠，王大爷曾拜师于李伯秦爷爷的门下，王三爷之子王树智曾在李吉祥手下当过贴尺，二人有过多次合作。中华人民共和国成立后，兰州进行了大量的传统建筑保护修缮，段树堂、李吉祥、李伯秦、刘註年等几位先生率领徒弟们多番合作，1955年修缮白塔山建筑群，更是兰州匠人队伍的一次大合作。民国时期，兰州地区成立木匠行会，会长均由掌尺担任，兰家的掌尺、王大爷、李伯秦、段树堂等几位老先生均担任过行会会长。这也代表木匠行逐渐走向规范化管理体系。本书将上述口述史内容和文献资料汇总，形成兰州地区匠师谱系图[2]（图1-2-1）。

但是，随着现代建筑技术的发展，木匠行业也受到严重地冲击，匠帮、匠派逐渐瓦解，只有少数匠人进入古建公司从事相关行业，而大部分匠人已不再从事木匠工作。许多工种也随之消失，如专门负责雕刻的工匠少之又少，雕刻的工作需由掌尺承担；踏子匠已无传人，望板只能用合成板代替。现今，专业古建公司作为古建市场上的主力，逐渐实现市场规范化、企业化的管理模式。但在很多地域建筑修缮与建设过程中，常常会出现忽略建筑文化的地域性，造成张冠李戴，千篇一律的现象。所以进一步推动兰州地区传统营造技艺保护与更新机制已经刻不容缓。

----

① 尺子活儿：即木匠活中的设计、划线和斜法计算等工作。

② 本书稿得到王氏派系传人范宗平、陈宝全两位匠师的指导和帮助，根据对二位老师的访谈，大致整理出清末民初至现今兰州大木匠师的传承关系。因木匠行业本身是团队协作性的工作，匠派之间会多有互通协助，所以匠师的技艺和传承也是交汇融合。

派系	师承关系	备注

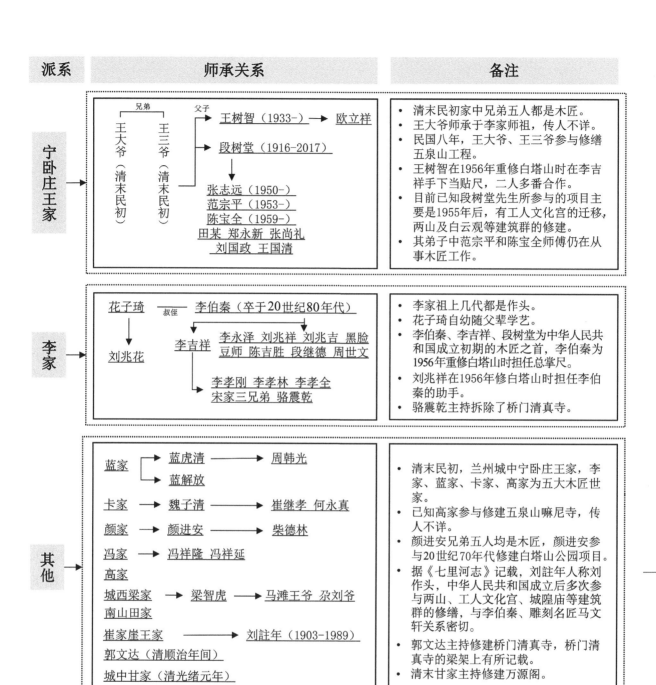

宁卧庄王家

| 兄弟 | 父子 |

王大爷（清末民初）　王三爷（清末民初）

王树智（1933-）　→　欧立祥

段树堂（1916-2017）
↓
张志远（1950-）
范宗平（1953-）
陈宝全（1959-）
田某　郑永新　张尚礼
刘国政　王国清

- 清末民初家中兄弟五人都是木匠。
- 王大爷师承于李家师祖，传人不详。
- 民国八年，王大爷、王三爷参与修缮五泉山工程。
- 王树智在1956年重修白塔山时在李吉祥手下当贴尺，二人多番合作。
- 目前已知段树堂先生所参与的项目主要是1955年后，有工人文化宫的迁移，两山及白云观等建筑群的修建。
- 其弟子中范宗平和陈宝全师傅仍在从事木匠工作。

李家

花子琦　叔侄　李伯秦（卒于20世纪80年代）
↓
刘兆花

李吉祥　李永泽　刘兆祥　刘兆吉　黑脸豆师　陈吉胜　段继德　周世文

李孝刚　李孝林　李孝全
宋家三兄弟　骆震乾

- 李家祖上几代都是作头。
- 花子琦自幼随父辈学艺。
- 李伯秦、李吉祥、段树堂为中华人民共和国成立初期的木匠之首，李伯秦为1956年重修白塔山时担任总掌尺。
- 刘兆祥在1956年修白塔山时担任李伯秦的助手。
- 骆震乾主持拆除了桥门清真寺。

其他

蓝家　→　蓝虎清　→　周韩光
　　　　蓝解放

卡家　→　魏子清　→　崔继孝　何永真

颜家　→　颜进安　→　柴德林

冯家　→　冯祥隆　冯祥延

高家

城西梁家　→　梁智虎　→　马滩王爷　尕刘爷
南山田家

崔家崖王家　→　刘註年（1903-1989）

郭文达（清顺治年间）

城中甘家（清光绪元年）

- 清末民初，兰州城中宁卧庄王家，李家、蓝家、卡家、高家为五大木匠世家。
- 已知高家参与修建五泉山嘛尼寺，传人不详。
- 颜进安兄弟五人均是木匠，颜进安参与20世纪70年代修建白塔山公园项目。
- 据《七里河志》记载，刘註年人称刘作头，中华人民共和国成立后多次参与两山、工人文化宫、城隍庙等建筑群的修缮，与李伯秦、雕刻名匠马文轩关系密切。
- 郭文达主持修建桥门清真寺，桥门清真寺的梁架上有所记载。
- 清末甘家主持修建万源阁。

县域

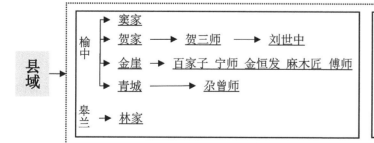

榆中
窦家
贺家　→　贺三师　→　刘世中
金崖　→　百家子　宁师　金恒发　麻木匠　傅师
青城　→　尕曾师

皋兰　→　林家

- 已知窦家目前仍在从事木匠工作。1992年主持重修玉佛寺。
- 百家子修缮兴隆山卧桥。
- 金恒发修建金崖老爷庙戏楼。
- 尕曾师修建罗家大院。

图1-2-1　兰州地区匠师谱系图

第一章　兰州传统建筑概况

第二章　木作通则与权衡

第一节　建　筑　通　则

通则是建筑设计过程中通用的规范和标准，传统建筑通则是确定建筑物各部位尺度、比例所遵循的共同法则[①]，兰州传统建筑的通则主要有：面阔、进深、柱高、柱径、扎脚、步架、举架、收山、悬山、上出、下出等尺寸关系。

通则部分

（一）面阔、进深

兰州地区传统建筑的平面形式，除亭、楼阁等特殊功能需求的建筑物外，通常为矩形，最大开间有七开间，常见三开间和五开间。在开间的计算上，匠人的营造口诀为"木上丈三，不压自浪（弯）"，意为开间超过一丈（约3米）则不能承受太大的上部荷载，木料本身就会下沉弯曲。所以在设计开间时不宜超过3米。若想增大开间，可以适当增加建筑构件的用材，檐下也可以通过施加枋、梯（替）、平枋等构件加强结构稳定性。通常明间面阔最大，次间、梢间依次减小，次间减少明间面阔的十分之一，梢间再依次减小，若加周围廊，则廊间面阔减少梢间的二分之一。

进深在充分考虑使用功能的前提下进行设计，需增加廊步架扩大进深时，常用前廊式和周围廊式，步架的水平距离常用的数值范围则不超过4尺。

（二）柱高、柱径

传统建筑的柱高与面阔，柱径与面阔皆存在一定的比例关系，一般情况下，柱高与面阔的比值控制在1～1.2之间，略大于清工部《工程做法则例》中柱高为明间面阔的十分之八。檐柱径为柱高的十分之一，即明间面阔（通常柱高与明间面阔比值为1∶1）一丈，檐柱径

---

① 马炳坚. 中国古建筑木作营造技术（第2版）［M］. 科学出版社，2003：2.

一尺。但是，由于受当地经济条件的限制，檐柱径取值范围多在明间面阔的十二分之一至十分之一之间，略低于官式用材标准。此外，其他柱径则略细于檐柱径。在营造过程中，通常是先确定开间的面阔大小，再通过比例关系确定柱高与柱径。由于兰州传统建筑檐下存在多个枋类构件，通常檐柱高指"自台明至檐枋底的高度"，当明间面阔为4米时，檐柱高在4～4.12米之间（图2-1-1、图2-1-2）。

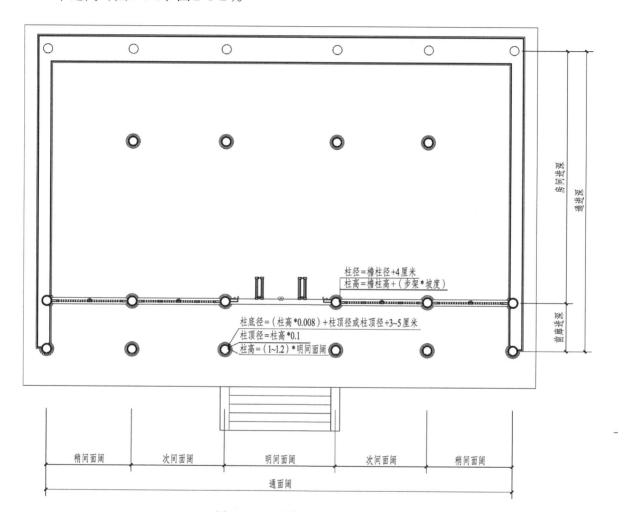

图2-1-1　面阔与进深示意图

（三）扎脚

兰州地区将"侧脚"称为"扎脚"，通常柱底向外抛出，偏移3～6厘米，不以柱高、柱径的变化而变化。楼阁建筑的扎脚会偏移更多一些，如果地基比较平整坚实的时候，一般则不做扎脚。

（四）步架、举架

步架的多少是决定建筑进深的重要尺寸，而步架的大小往

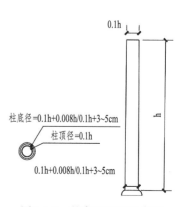

图2-1-2　柱高和柱径示意图

往由檐柱径决定，二者的比例约为4∶1，通常步架的水平距离不超过4尺，但若要超过4尺，则需要根据实际情况适当增设随檩等构件。与官式建筑相似，兰州的传统建筑也存在举架部分的规律，根据建筑的特点存在两种营造口诀，分别是"三五七九倒加一"和"四六八十倒加一"[①]。通过举架之营造，达到建筑行业内流行的"檐口平如川，屋脊陡如山"的建筑形象特点。

（五）收山、悬山

收山做法应用于歇山建筑的山面做法中，兰州歇山收山根据建筑平面的不同收山法则也会不同[②]，但不论哪种方法，首先是确定歇山梁的位置，其次是根据歇山梁的位置确定博风板的位置。总体而言，兰州歇山收山距离较官式做法要略大，从而使得屋面正脊整体比官式做法要略短。

悬山建筑是兰州最为常见的建筑形式，建筑两山出头一般为檐柱径的1.5倍左右，即两侧的檩各出头檐柱径的1.5倍。同时大担、梁、枋从柱中出头通常为自身直径的1.5倍，平枋、随枋等构件出头与其相随的梁、枋出头同长。悬山出头是以檐柱径为计算单位，比大担、枋直径略大，将担、枋、枋等出头的构件遮在檐下为止，博风板厚度在5厘米左右，防止雨水侵蚀[③]。

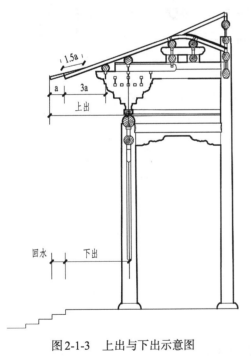

图2-1-3 上出与下出示意图

（六）上出、下出

关于传统建筑的出檐，《诗经》有云："如鸟斯革，如翚斯飞"，这种深出檐不仅使建筑具有了优美的形象，更是防止建筑屋身被雨水侵蚀而最有效的手段。考虑到建筑的规模、形制、受力平衡性等原因，清官式上檐出的水平距离一般为檐柱高的十分之三，檐椽出头占其三分之二，飞椽出头占其三分之一。兰州对于上檐出做法比较谨慎，檐椽出头占上檐出的四分之三，飞椽出头占四分之一，飞椽尾部长度为露明部分的1.5倍，早期做法中也做有2倍的。

"下出"通常为上出减去三分之一檐柱径。为保证屋檐落水不会倾泻在台明上，做保护墙根与柱根的"回水"，其距离远小于清官式的做法（图2-1-3）。

---

① 具体做法详见第三章悬山建筑举架做法。
② 具体做法详见第三章歇山建筑收山做法。
③ 具体做法详见第三章悬山建筑出山做法。

第二节 建 筑 权 衡

传统建筑的设计和施工过程存在着固有的形式法则，模数化与定型化是建筑结构体系不断走向成熟的标志。如果说建筑通则是传统建筑在形式和风格上保持统一的关键，那么建筑权衡关系则赋予了中国传统建筑不同地域的建筑灵魂，从而突显出独具特色的地区性。

兰州地区传统建筑的模数制度并不是建立在单一构件规格化的基础上，而是形成了以常数区间值为参考值的整体权衡体系。在对段树堂先生的房架用料表进行整理与分析后，形成如下建筑权衡规律。

一、营造尺

在介绍建筑权衡规律之前，首先需要明确兰州地方的营造尺。"凡木工、刻工、石工、量地等所用之尺均为营造尺，主要包括木尺、工尺、鲁班尺等。"[①]营造尺分为官尺和乡尺两类，官尺指官方颁行的度量衡标准营造尺；乡尺又名地方尺。同济大学李浈教授认为乡尺源自于官尺，受时空、地域、环境等因素的制约，历代官尺在地域分化中形成各自的地方尺[②]。地方尺在地方营造体系中，是控制一切的衡量标准，地方营造体系独立于官式营造法则之外，具有浓厚的地域特征。兰州地区现阶段的木作建筑营造过程中主要使用公尺，但早期营造体系木尺是唯一衡量标准。根据段先生所留图档内容以及相关实物遗存，兰州营造尺有如下记载：①图档中关于算料的记载，曾经提及1米为3.15尺，换算成一木尺为31.75厘米；②在图档草样图中的22厘米等于0.696木尺，换算木尺为一木尺等于31.7厘米；③范宗平师傅手中留有早期水车匠人的木工尺，标示一尺为31.7厘米。因兰州水车匠、木匠等行业互通往来，所以考虑这个尺寸应为行业统一的标准。综合以上资料，可以证明兰州地区营造尺在衡量尺度上接近明代官式营造尺[③]，为明代官式营造尺的地方化应用。

二、权衡规律

（1）定坡度

定坡度是建筑整体权衡计算中的第一步，根据建筑类型、规格及功用确定屋面的坡度，一般房架坡度在16%～30%之间，同时，根据坡度乘以二分之一的进深确定建筑高度（表2-2-1）。

---

① 明鲁般营造正式［M］. 天一阁藏本. 上海科学技术出版社，1988：98.
② 李浈. 官尺·营造尺·乡尺——古代营造实践中用尺制度再探［J］. 建筑师，2014，（5）：7.
③ 明代营造尺为一木尺等于31.7厘米。

表2-2-1　兰州地区屋顶坡度常用值

分类	适用屋面		坡度
一	屋面上堆放东西杂物时使用		16%、18%、26%
	屋面上不堆放东西杂物时使用		20%、22%、24%
	一座四合院时选用	两厢房	18%、20%、22%
		上房	26%、28%、30%
		下房	22%、24%、26%
二	出檐五架檩房屋，后山檩另加高		10%～14%
三	坡度的计算，以屋深长度×坡度即为高度，由檩上平线至檩下皮计算		
	若檩条高度不够时，在支柱或山柱上增加相应尺寸		

（2）定梁柱

柱径和柱高以开间的宽度为参考值，通常檐柱径为开间八分之一至十分之一，檐柱高和开间的比例在1:1～1:1.2之间。柱子通常作收分，收分值固定在3～5厘米。柱径以柱顶径为通用标准，柱底径为柱高乘以千分之八加上柱顶径。同一座建筑的所有柱子柱径有区别，通常檐柱最大，金柱、山柱依次减少。定柱顺序是先确定檐柱的柱径与柱高，金柱和山柱根据坡度进行计算，即步架宽乘以坡度值加上檐柱高则为金柱高。金柱径较檐柱径减少4厘米，山柱、脊瓜柱较金柱柱径依次再减少2厘米。原柱在加工时需要考虑"砍皮打节"（粗加工）、"砍圆刨光"（细加工）时对原料的消耗，所以选材要慎重。园林建筑是比较特殊的一类，用量相对较大，其柱径与开间的比值在七分之一到九分之一之间。

梁的截面尺寸受进深、开间的共同制约（表2-2-2），需要注意的是，一般梁高和梁厚相差2～3厘米，梁出头长度为梁高的1.5倍。随梁的高度以净材量为主，下料时增加15厘米即可。此外，转角造梁架尺寸主要受梢间开间制约，包括大角梁、底角梁和大飞头等构件（表2-2-3），通常梁在砍刨成规矩构件后，再进行划线、开卯打眼等工作。

表2-2-2　一般房架大梁计算表　　　　　　　　（单位：mm）

进深	大梁又名顺水					随梁				
	开间					开间				
	3000	3250	3500	3750	4000	3000	3250	3500	3750	4000
3500	300	320	340	360	380	150	170	190	210	230
4000	320	340	360	380	400	170	190	210	230	250
4500	340	360	380	400	420	190	210	230	250	270
5000	360	380	400	420	440	210	230	250	270	290

说明：（1）大梁的平线高度与扎梁相同，表中的数字以木料的小头为准

　　　　（2）若是挑檐房架（不出檐），大梁头腮厚与扎梁子相同

　　　　（3）梁头的长度为柱身直径的一半，随梁柱帽也相同

　　　　（4）梁头下皮砍平，上皮不用砍平，按上皮各节点结构部分砍平

　　　　（5）随梁的高度以净材为准，下料时必须大于表中数字150mm

表2-2-3　转角梁架和梢间开间计算表　　　　　　　　（单位：mm）

开间	大角梁		底角梁		直飞头	楂头	斜云头		小棰	大飞头			椽长
	高	厚	高	厚	头长	前高	平高	腮厚	圆	厚	前高	后高	前檐
2000	200	150	170	150	250	80	180	140	150	130	120	150	500
2500	220	160	180	160	280	90	190	150	160	140	130	160	550
3000	240	170	190	170	310	100	200	160	170	150	140	170	600
3500	260	180	200	180	340	110	210	170	180	160	150	180	650
4000	280	190	210	190	370	120	220	180	190	170	160	190	700

说明：（1）飞头尾长为头长1.5倍。飞椽、攒椽以实样量后下料

（2）一般房架中椽头为圆形

（3）楂头至正桁中，前高后低

（4）檐柱与中棰的圆相同（关心棰、雷公柱）

（5）其他荷叶、枕梯等和一般房架用料表同

（6）花板厚度为15～20mm

（3）定檩枕

檩、枕的截面高度以开间值为参考，开间增大，檩、枕的截面值增大，不同位置的檩、枕截面也不同，如当开间是4米时，最大者檐檩截面为30厘米，最小者山檩仅有16厘米。檩、枕的长度根据开间来定，当檩条非通长时，梢间处（末端开间）的檩条比开间增加15厘米，其余部位的均增加6厘米。特别注意的是，当檩条为一根通檩时，除了适当增加檩长外，还需要增加柱子的高度，增加高度在15～20厘米之间。椽子的长度根据步架进深确定椽长和截面尺寸。檩枕类构件在加工时需将截面平齐（表2-2-4）。

表2-2-4　一般房架檐枕类计算表　　　　　　　　（单位：mm）

开间	檐檩	檐枕	枕梯子		金檩	金枕	槽檩	槽枕	山檩	荷叶	条枋
	高	高	高	宽	高	高	高	高	高	厚	高
3000	180	160	20	60	170	150	160	140	80	60	40
3250	210	190	25	80	190	170	180	150	100	80	45
3500	240	220	30	100	210	190	200	160	120	100	50
3750	270	250	35	120	230	210	220	170	140	120	55
4000	300	280	40	140	250	230	240	180	160	160	60

说明：（1）凡是檩子下料时，梢间加长150mm，其他加长60mm，上下平直，两面圆

（2）凡是枕类下料时，均以开间宽的中至中，上下高度平直，两面圆

（3）凡是枕梯子下料时，长度均以中至中

（4）山檩的长度若采用开卯搭接方式，各长200～250mm，若在开卯中间的檩子也是中至中下料

（5）荷叶的长短以式样而定，高度在扎梁的平高取一条定荷叶的高度

（6）条枋的长度以中至中下料，宽度以枕梯或荷叶的厚度为准

第三章　传统建筑梁架大木营造技术

第一节　歇山建筑

歇山顶，宋称"九脊殿"，即由一条正脊、四条垂脊和四条戗脊组成的屋顶形式，是中国古代建筑中重要的屋顶形式之一，等级仅次于庑殿顶。歇山顶是兰州地区现存传统建筑等级最高的屋顶形式，多用于庙宇、楼阁、戏台等建筑类型中，其柱网类型丰富、山面构造灵活、翼角起翘明显，有着丰富多彩的屋顶组合形式。

一、歇山建筑的特征和主要形式

歇山建筑的类型变化主要表现在平面和梁架的组合上，平面形式以面阔三间或五间为主，常用"减柱造"或"移柱造"。梁架有无廊式、前廊式、前后廊式及周围廊式等四种形式。不同的平面基本对应不同的梁架进行组合，使得兰州地区歇山建筑在形象外观及构造做法上体现出了灵活的地域性特征（表3-1-1）。

表3-1-1　歇山建筑构造实例表

名称	建筑年代	平面类型	平面柱网	梁架类型	山面做法	梁架照片
广福寺中殿	始建于明永乐十四年（1416年），明万历三年（1575年）重建，乾隆二十一年（1793年）复建	面阔三间，进深三间		七檩无廊式	斜梁+趴梁	
浚源寺金刚殿	始建于元代，明太祖洪武五年（1372年）重建	面阔三间，进深四间		七檩前后廊式	斜梁+交金瓜柱	

名称	建筑年代	平面类型	平面柱网	梁架类型	山面做法	梁架照片
城隍庙享殿	始建于宋代，后多次整修，于乾隆三十二年（1767年）重修	面阔五间，进深六间		十八檩周围廊式	斜梁+角金柱+短柱	
三圣庙献殿	光绪三十一年（1905年）	面阔三间，进深三间		六檩无廊式	斜梁+垂柱	
白塔山一台大殿	始建于清中期，拆建于1963年	面阔三间，进深三间		前后内卷式	斜梁+垂柱	
白塔山地藏殿	近代复建	面阔三间，进深三间		五檩无廊式	顺梁+交金瓜柱	
五泉山山门	1919～1924年建，1959年迁至五泉山山门	面阔三间，进深一间		无廊式	斜梁+垂柱	
廊桥卷棚歇山亭	近代修建	面阔一间，进深一间		六檩无廊式	斜梁+垂柱	

19

第三章　传统建筑梁架大木营造技术

二、歇山建筑的营造做法

（一）梁架做法

传统建筑中，硬山、悬山、歇山等几种屋架形式在正身梁架部分的构造上基本相同，所不同之处在于山面构架的组成[①]。构成兰州歇山建筑山面构架的如斜梁（抹角梁）、趴梁、歇山梁（踩步金梁）等构件在构造形式、功能作用、做法逻辑等方面表现出了极大的丰富性与灵活性（图3-1-1）。以歇山梁与角梁相交处的支撑方式作为歇山建筑山面构造做法的划分依据，把兰州地区歇山建筑山面构造做法分为四种组合形式：斜梁与万斤梁组合式；斜梁与垂柱组合式；枕与交金瓜柱组合式；角金柱、斜梁、万斤梁组合式。

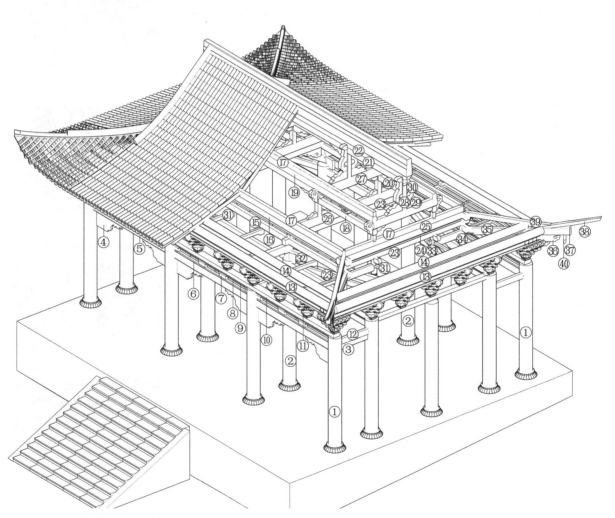

图3-1-1　兰州地区歇山建筑基本梁架组合图

①檐柱　②金柱　③云头梁　④花牙子　⑤大担　⑥上担替　⑦荷叶墩　⑧替　⑨小平枋　⑩大平枋　⑪彩
⑫垫头梁子　⑬子桁　⑭正心桁　⑮重檩　⑯下槽檩　⑰椽花　⑱重檩　⑲上槽檩　⑳重檩　㉑脊檩
㉒扶脊木　㉓随梁　㉔垫板　㉕歇山梁　㉖大梁　㉗二梁　㉘脊瓜柱　㉙加马　㉚加马瓶　㉛挑桃
㉜斜梁　㉝垂柱　㉞瓜柱　㉟大角梁　㊱底角梁　㊲楂头　㊳大飞头　㊴扶戗　㊵浆桩子

①　马炳坚. 中国古建筑木作营造技术［J］. 古建园林技术，2003，（2）：62-64，31.

1. 斜梁与万斤梁组合式

角梁与歇山梁相交处的结构是由大斜梁和万斤梁共同作用来完成的。这类做法见于无廊式建筑中，建筑多用"减柱造"，大斜梁两端分别置于檐面和山面檐柱柱头，尾部归于檐檩下的垫板内，与山面、檐面呈45°；大斜梁上部支撑万斤梁，万斤梁平行于檐面布置；角梁后尾扣搭于万斤梁上，后尾支撑歇山梁，承托上部构架。这类做法中，角梁与歇山梁、万斤梁的相交处直接由大斜梁支撑，结构稳定性更强；且此处的"万斤梁"的位置类似于官式建筑中的"趴梁"，但在实际做法中与南方某些地区传统"减柱造"建筑中的"大额"①类似：万斤梁仅通过大斜梁承托，端头与山面檐檩之间有一定的距离，不存在搭交关系；功能上，由于用"减柱造"，此处万斤梁除承担一部分山面荷载外，主要起支撑正身部分梁架的作用（图3-1-2）。

图3-1-2　斜梁与万斤梁组合式内部构造（实例见广福寺）

2. 斜梁与垂柱组合式

角梁与歇山梁相交处由小斜梁和垂柱协同支撑，这种方式在兰州地区歇山建筑中应用最广泛，具体做法是小斜梁支撑悬挑的角梁，角梁的后尾插入垂柱内，歇山梁端部扣搭在垂柱之上。这种山面构造的做法相对简单，常用于无廊式建筑中，会根据歇山建筑平面柱网的不同稍做变化。

1）单开间歇山：歇山亭中较常见，小斜梁两端交于相邻山面和檐面的檐檩上，其上承托大角梁，大角梁的后尾插入垂柱内，大角梁与垂柱相互拉结，支撑上部的歇山梁。结构中小斜梁支撑大角梁并悬挑垂柱，垂柱主要起固定大角梁及斜云头后尾的作用；虽然垂柱柱头直接承托歇山梁，但歇山梁的荷载依然是通过垂柱与大角梁传到了小斜梁上（图3-1-3-a）。

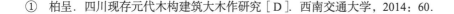

① 柏呈. 四川现存元代木构建筑大木作研究［D］. 西南交通大学，2014：60.

2）多开间歇山：小斜梁之上承托斜云头，斜云头和大角梁的后尾插入垂柱中，大角梁和垂柱柱头共同支撑歇山梁。此外，四角的垂柱之间设重檩和随梁，形成类"圈梁"结构，稳固整体结构并对垂柱起拉结作用。同单开间歇山相比，此类歇山建筑进深较大且常用"减柱造"，小斜梁的位置下移也是为了加强结构的整体稳定性，垂柱与小斜梁共同承担其上的荷载（图3-1-3-b）。

3）中柱式歇山：歇山梁与角梁相交处的荷载由垂柱传递到小斜梁上，此处做法与前两种并无太大差别，不同之处在于"枕"的辅助作用：歇山梁、前后下金檩与垂柱之间形成完整的"圈梁"结构体系。角梁后尾插入垂柱虽对"圈梁"结构起稳定作用[1]，但对歇山梁的支撑能力却显得不够，因此在这种歇山形式中使用"枕"这一构件，将枕的两端分别插入明间和梢间的中柱内，其上施短柱支撑歇山梁，从而增强歇山梁的结构作用，以防弯曲变形引起的山面结构的不稳定；此外，歇山梁之下、瓜柱与垂柱之间增设随梁，进一步加强了山面结构的稳定性（图3-1-3-c）。

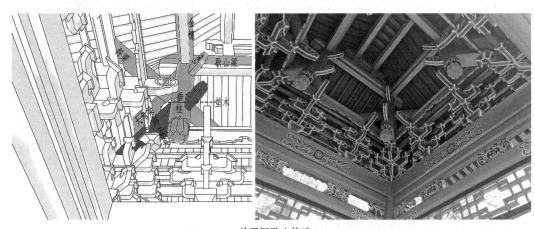

a. 单开间歇山构造

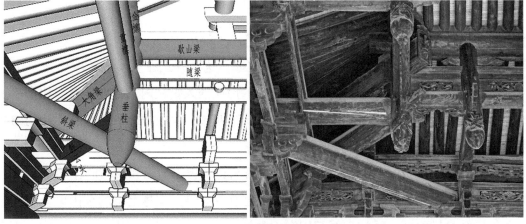

b. 多开间歇山构造

图3-1-3 斜梁与垂柱组合式内部构造

① 田林，李超. 蔚县地区明代歇山建筑山面做法探析［J］. 古建园林技术，2020，（1）：68-71，77.

c. 中柱式歇山构造

图3-1-3 （续）

3. 枕与交金瓜柱组合式

角梁与歇山梁相交处通常是由"枕"来支撑，多用在前后廊式的歇山建筑中。具体做法：枕外一端搭置在山面檐柱之间的平板枋上，其上置柱头斗拱以承托山面正心桁，内一端插入金柱，枕上置交金瓜柱，歇山梁搭在瓜柱柱头，角梁的后尾开榫交于瓜柱上，在此节点位置，歇山梁与角梁相交处的荷载通过瓜柱传递到枕上（图3-1-4-a）。

这种歇山形式体量开阔，进深较大，仅通过枕来承担山面荷载的能力不够，故增设身分斜梁以分担歇山梁的荷载。一是歇山梁下置随梁，两端插入瓜柱内；二是中金檩与下金檩水平向投影之间置身分斜梁，山面插入里拽斗拱内，檐面落在金柱柱头上，下置随梁进行加固，身分斜梁与歇山梁之间通过垂柱进行荷载传递，身分斜梁上置垫木承托短梁，短梁外一端开榫插入交金瓜柱，内一端插入垂柱，垂柱通过山面出挑桃，檐面置短梁进行拉结，在这一构造节点中，歇山梁的荷载通过构件之间的拉结作用最终传递到身分斜梁上（图3-1-4-b）。

a. 檐部"枕"与交金瓜柱组合式构造

图3-1-4 枕与交金瓜柱组合式内部构造

b.内部增设斜梁、垂柱辅助构件的内部构造

图3-1-4 （续）

4.角金柱、斜梁、万斤梁组合式

周围廊式歇山建筑中，歇山梁与角梁的相交处多由角金柱来支撑。兰州地区的周围廊式歇山建筑体量宏大，平面上用"减柱造"与"移柱造"使室内空间更加宽敞明亮，这种情况下，歇山梁与角梁之间无搭交关系，两者受力系统相互独立，歇山梁与角梁分别由万斤梁、角金柱及小斜梁分工协作支撑，这样做是为了使山部荷载向下分散传递，增强结构的整体稳定性：首先，建筑角部的平身科之上置小斜梁，小斜梁两端以45°形式插入斗栱的攒当处，小斜梁上加垫板承托斜云头，斜云头后尾插入角金柱，角金柱上置大斗向上挑着大角梁，大角梁后尾做榫交于室内小斜梁上，也就是说，建筑的山面角梁部分的荷载是由位于不同位置的小斜梁及角金柱来承担。此外，金柱上置万斤梁，万斤梁上置瓜柱以支撑歇山梁，歇山梁下的瓜柱之间置随梁等构件起到拉结作用，此处歇山梁的荷载是由万斤梁之上置短柱支撑的（图3-1-5）。

值得注意的是，这里的"万斤梁"同样是由于用了"减柱造"与"移柱造"而置的构件，其位置类似于官式建筑中的"顺梁"。它除对山面起结构作用外，同时也承担了正身梁架的荷载；并且由于不同构件之间的分工作用，歇山梁与角梁之间脱离了"相交"的关系，歇山梁的位置受到的约束更小。这种做法中的"万斤梁"与前述"斜梁与万斤梁组合式"做法中的"万斤梁"在位置上有所区别，但在功能及做法上都类似于南方传统建筑中的"大额"。另外，这种组合式中"万斤梁"下有柱支撑，建筑整体受力更加均衡，适用于跨度较大的空间形式；前述组合式中的"万斤梁"仅两端置于斜梁上，下部腾空，更适用于较小跨度的空间形式。

（二）屋顶做法

1.翼角做法

通过将兰州地区歇山建筑翼角（尤其是角梁部分）做法与清官式做法比较发现，兰州

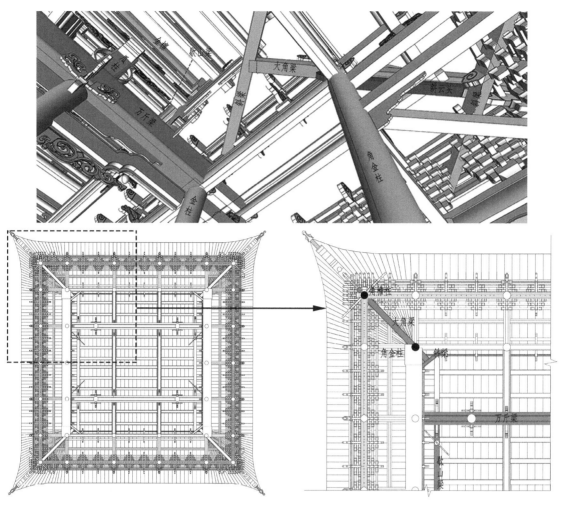

图 3-1-5　角金柱、斜梁、万斤梁组合式内部构造（实例见城隍庙享殿）

地区传统建筑在做法上较少受官式做法的约束，翼角起翘则更加明显，形成了一套自己的系统。

　　结角做法：歇山建筑的结角采用类似隐角梁的做法，即大角梁近乎水平地置于金檩之下，其上垫楷头斜置大飞头，最后用扶戗（也叫扶椽）压制在大飞头的尾部，其后尾搭在金檩与歇山梁相交的位置上，此处的"扶戗"就类似于"隐角梁"的作用；大飞头用于出檐和起翘，而楷头则抬高大飞头前端，这种做法产生的结果是扶戗负责找坡，大飞头用于起翘，虽然大角梁处于水平位置，但其前端与正身檐椽在垂直方向已经高出一定的距离，再加上楷头的高度，最终使得兰州地区歇山建筑的翼角起翘更为陡峻。而与之相较的清官式做法中歇山建筑常采用老、仔角梁合抱金檩的结角方式，其翼角起翘整体较为平缓（图 3-1-6）。

　　角梁前端构件组合：由下至上依次为斜云头、底角梁、大角梁、楷头及大飞头，其中，大角梁、斜云头的后尾都插入角金柱（垂柱）中；底角梁后尾有一个与其同一水平高度的斜梁，与角部呈 45°，置于斜云头之下（有时也会置于其上），起到支撑大角梁的作用。同官式相比（表 3-1-2），兰州地区角梁部分的斜云头、楷头、扶椽在官式做法中未曾出现，并且各构件在做法上也大相径庭（图 3-1-6）。

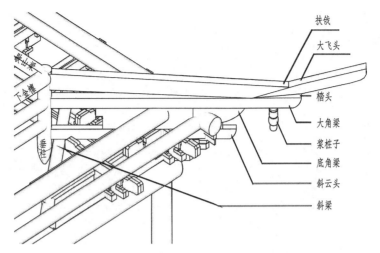

图3-1-6　兰州地区翼角构造（图片引自卞聪《兰州地区传统建筑大木营造研究》）

表3-1-2　兰州地区翼角构件同官式做法对比表

兰州地区构件名称	做法	清官式构件名称	做法
斜云头梁	前端作为角部斗栱的云头部分，后尾插入角金柱（垂柱）中，起稳定和支撑角部的作用，呈水平状	无	无
底角梁	前端扣在挑檐桁上，向外挑出1/3檐柱径，端头常做龙口、虎口或云头状，后尾不到斜梁，呈水平状	递角梁	前端与来自两个方向的檩子在梁头上成90°角搭交在一起，后尾插入内柱柱身
大角梁	下压正心桁，前端做云头状挑出，后尾常采用挑金形插入金檩下的角金柱（垂柱）中，高2/3檐柱径，呈水平状	老角梁	前端搭在挑檐桁之上，后尾常同仔角梁一同斜扣在下金檩之上
楂头	三角形木块，前端和大角梁前端相平，高1/4檐柱径（常作10cm），尾部与大飞头落于一处	无	无
大飞头	呈直线形，斜出2～3倍正身飞椽头的斜长，材高1/2檐柱径，尾部落于挑檐桁（檩）角节点上方	仔角梁	呈折线形，斜出正身飞椽水平投影长加出三个椽径，尾部置于搭角下金桁（檩）上
扶椽	前端压在大飞头上，后尾搭在金檩上	无	仔角梁的后半段相当于扶椽作用

翼角冲、翘规律：由于角梁部分斜云头、楂头、扶椽等构件的出现，使兰州地区的翼角起翘相对陡峻。引起这种陡峻起翘的原因如下：①近乎水平放置的大角梁，其前端扣在正心桁之上，而后端置于下金檩下的垂柱（角金柱）上，造成大角梁整体就高于正身檐椽；②大角梁的高度（约2/3檐柱径）大于正身檐椽的高度（约1/3倍檐柱径），再加上大飞头的斜向冲出，使翼角出檐深远；③三角形的楂头将大飞头端头垫起，使得翼角翘起的高度明显增大，楂头的使用也是兰州地区翼角起翘明显大于官式的重要一点[①]。至于冲翘的规律，兰州木匠行有一句口诀，叫作"冲三翘三"。这里的"冲三"是指大飞头端头出挑部分水平方向的长度为三倍

---

① 北京市第二房屋修缮工程公司古建科研设计室. 明清建筑翼角的构造、制作与安装［J］. 古建园林技术，1983，（1）：8-20.

正身飞椽椽径的长;"翘三"指正身飞椽上皮到大飞头最高点的垂直长度也为三倍正身飞椽椽径的长。

2. 歇山收山

歇山的收山即确定歇山建筑山花板外皮（即博风板内皮）位置的法则，兰州地区歇山建筑的收山尺寸是依据建筑的内部结构而定的，即根据歇山梁的位置来确定收山的尺度。首先，确定歇山梁的位置，一般分为两种情况：其一为周围廊式歇山建筑，歇山梁两端置于角金柱上，山面木梁架（歇山梁中）向内收进一个梢间的尺寸，这类歇山建筑的梢间约为次间开间尺寸的1/2，因此，山面梁架自山面檐檩中向内收进了一个梢间的尺寸；其二为非周围廊式歇山建筑，歇山梁自山面檐檩中向内收进次间（梢间）开间尺寸的1/2确定其位置，山面梁架也就相当于向内收进了次间（梢间）开间尺寸的1/2。其次，根据歇山梁的位置确定博风板的位置，即由歇山梁中向外出两倍檐柱径定作博风板内皮的位置。

除此之外，还存在城隍庙享殿这一特例，享殿山面的歇山梁与角梁不存在搭交关系，歇山梁置于室内顺梁之上的瓜柱柱头，由于不受构件之间制约关系的束缚，歇山梁的位置可随意调整，因此，在享殿这一兰州地区最高等级的大体量歇山建筑中，歇山梁的位置较其他建筑向内收进更多，收山更明显，以使建筑整体比例更加协调（图3-1-7）。

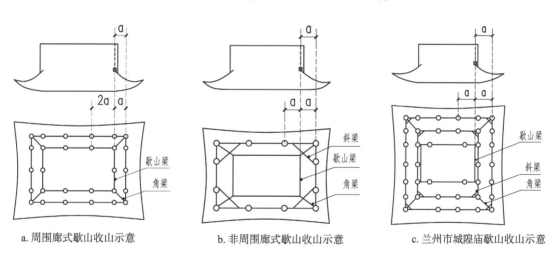

a.周围廊式歇山收山示意　　　　　b.非周围廊式歇山收山示意　　　　　c.兰州市城隍庙歇山收山示意

图3-1-7　兰州地区歇山收山做法示意图

清官式做法中歇山建筑并非是根据建筑的内部结构来确定收山尺寸的，而是由山面檐檩（正心桁）的檩中向内一檩径确定为山花板外皮（博风板内皮）的位置。然而建筑的整体体量是通过开间的增减来确定的，檐檩檩径只需要满足跨度要求即可。若仅依檐檩檩径来确定收山尺寸，对于体量较大的歇山建筑来说收山较小，使得整体比例不协调。因而兰州地区歇山建筑根据梢间开间先确定歇山梁的位置再确定收山的尺寸，这种做法使得收山的尺寸与建筑体量之间保持着恰当的比例关系，并且这种做法同时也考虑到了山面特殊的构造，更加符合歇山建筑的构造特点①。

以三开间歇山建筑为例，若将檐柱径定为D，因"檐柱径为明间面阔的十分之一"，故明间面阔为10D，次间面阔通常为9D；又因"歇山梁位置为次间面阔的1/2"，故歇山梁的梁中到山面檐檩的檩中的距离为4.5D，同时"歇山梁中向外出2倍檐柱径为博风板内皮的位置"，则歇山建筑山面檐檩檩中至博风板内皮的距离为2.5倍檐柱径（2.5D）。若按官式收山法则：山面檐檩中向内侧收进一檩径，定做山花板外皮位置（1D）。因此兰州地区歇山建筑收山距离大于官式做法，也就导致正脊比官式做法较短，体现出了歇山建筑在地方做法上的灵活性与适宜性。

山花板是中国古代歇山顶建筑中覆盖屋顶两端三角形山面的木板，起到分隔室内外空间的作用。兰州地区歇山建筑的山花板缩进博风板内，位于金檩在梢间部分檩中的位置，也即歇山梁上皮处，与清官式紧挨着博风板的做法有很大不同。虽然山花板向内缩进，但梢间檩木仍悬挑至博风板，且檩木之间无草架柱、踏脚木以及穿的支撑。

第二节　悬　山　建　筑

悬山建筑为前后双坡屋面，两山屋面悬挑出两侧山墙之外。从基座结构、柱网排布、正身梁架以及屋脊瓦作等方面与硬山建筑基本相同，所不同的是，悬山建筑梢间的檩木不是包砌在山墙内，而是悬挑出山墙之外，悬出于山墙面的部分称为"出梢"。

悬山建筑是兰州地区比较常见的建筑形式，从正立面看，与官式悬山建筑没有太大区别，前后两坡，两山屋面悬出于山墙或山面屋架之外；但从侧立面看，其山面梁架却有着很大的不同。

一、悬山建筑的特征和主要形式

兰州地区的悬山屋顶形式多用于殿式建筑中，以建筑外形和屋面做法可分为大屋脊悬山和卷棚悬山两种形式。以建筑的开间柱网分布可分为三开间、五开间、七开间三种类型，其中常见三开间大殿，最大七开间悬山建筑见于甘肃贡院至公堂②。根据建筑的进深方向步架排布的不同，大屋脊常见五檩悬山、六檩带前廊悬山、七檩悬山、八檩带前廊悬山、九檩悬山以及三檩中柱悬山（常用作门庑）；卷棚有四檩卷棚、五檩卷棚带前廊等，形式变化较多（图3-2-1）。

（一）平面类型及其特征

1. 两排柱列

两排柱列平面通常为无廊式梁架，用于过厅等等级较低的悬山建筑中，实例如青城高家祠

---

①　唐栩. 甘青地区传统建筑工艺特色初探［D］. 天津：天津大学，2004：83.

②　建于光绪元年（1875年）。

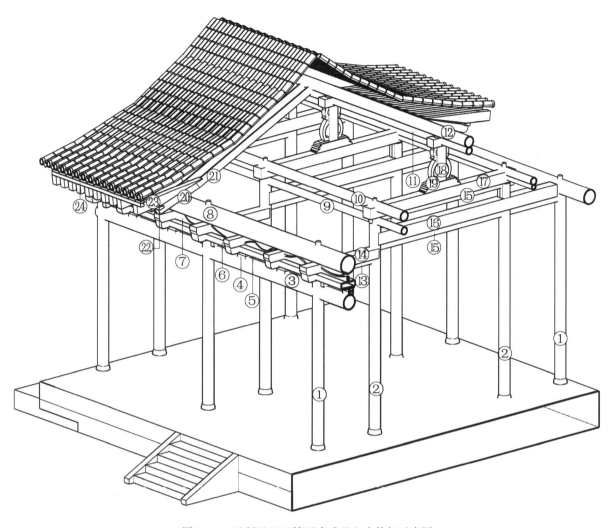

图 3-2-1　兰州地区五檩无廊式悬山木构架示意图

①檐柱　②金柱　③檐枋　④荷叶墩　⑤小平枋　⑥大平枋　⑦花板　⑧檐檩　⑨重檩　⑩金檩
⑪重檩　⑫脊檩　⑬柱枕　⑭扎梁　⑮随梁　⑯大梁　⑰二梁　⑱脊瓜柱　⑲加马　⑳檐椽
㉑槽椽　㉒撩檐（檐椽上）　㉓飞头　㉔撩檐（飞子上）

堂后过厅，面阔三开间，进深一间，五檩无廊式木构架，作为祠堂中举行祭拜礼仪时的辅助建筑之用。

2. 三排柱列

三排柱列平面应用较多，多作前廊式，常用于殿式建筑中的大殿：如青城书院至圣堂为六檩前廊式构架，面阔三开间，进深两间；金崖周家祠堂二进大殿为内卷式木构架，面阔三开间，进深两间。除此之外，还有一种中柱落地的形式，常用作门庑，有单开间和三开间两种：前者如五泉山武侯祠山门，面阔一开间，进深两间，为三檩中柱形式；后者如青城高家祠堂正门，面阔三开间，进深两间，同为三檩中柱形式。

3. 四排柱列

四排柱列平面形式使用较广，对应的构架类型有无廊式、前廊式两种，与三排柱列平面一样，也常用作较高等级的殿式建筑中的大殿：如甘肃贡院至公堂为十三檩无廊式构架，面阔七开间，进深三间，是兰州地区规模最大的悬山建筑[①]；庄严寺三台大殿为八檩前廊式构架，面阔五开间，进深三间；金崖周家祠堂二进大殿为内卷式构架，面阔三开间，进深三间。

4. 五排柱列

五排柱列平面形式的悬山建筑在兰州地区存量较少，现存如白塔山三官殿正殿，面阔三开间，进深四间，内卷式木构架，这类建筑通常需要较大的进深空间以安放佛像以及容纳更多的祭祀人群，因此室内还常用减柱造的做法，增大室内空间。

（二）梁架类型及其特征

悬山内卷式木构架是建筑进深步架中常用的一种构架处理方式，其做法是在"前廊式"梁架的基础上进行改造，前檐柱和金柱需要承托一个四檩卷棚屋架，类似于南方传统建筑中"轩"的做法，是扩大檐下空间的一种方式。兰州的悬山建筑多用此法，但与"轩"不同的是，兰州内卷式悬山建筑采用了一种"偷山夺檩"的构造做法，在满足扩大前檐空间的基础上又不改变建筑屋面形式，使整个屋架又很完整。由于这种做法扩大了前檐空间，不仅满足了祭拜功能的需要，同时确保后部神像空间大小恰当而不失威仪，因此成为本地区有祭祀功能的建筑广泛使用的梁架类型。典型实例如五泉山史家祠堂和千佛阁大殿。尽管两者都用了内卷式，但仍存在差异，史家祠堂的内卷式梁架从侧立面看保留了卷棚屋顶形式，大屋脊下覆盖卷棚屋顶；而千佛阁大殿只有一个大屋脊，有内卷式梁架而无卷棚形式（图3-2-2）。

 a. 五泉山史家祠堂　　　　　　　　　　b. 千佛阁大殿

图3-2-2　卷棚形式对比图

（三）悬山屋架形制分类

根据悬山建筑的平面柱网及梁架类型将其屋架特征归类如下（表3-2-1、表3-2-2）。

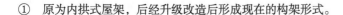

① 原为内拱式屋架，后经升级改造后形成现在的构架形式。

表3-2-1 大屋脊悬山建筑形制分类

平面类型	梁架类型	典型建筑
A1两排柱列	B1无廊式	高家祠堂过厅
A2三排柱列	B2.1一般前廊式	青城书院至圣堂
	B2.4中柱落地式	高家祠堂正门
	B2.2内拱式	金崖周家祠堂二进大殿
A3四排柱列		金崖三圣庙关帝圣殿

平面类型	梁架类型	典型建筑
	B1无廊式	金崖周家祠堂一进大殿
	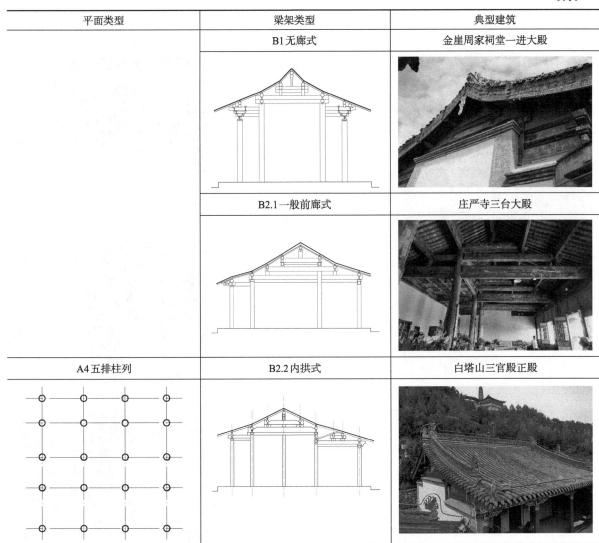	
	B2.1一般前廊式	庄严寺三台大殿
A4五排柱列	B2.2内拱式	白塔山三官殿正殿

表3-2-2　卷棚悬山建筑形制分类

平面类型	梁架类型	典型建筑
A1两排柱列	B1无廊式	白塔山半山卷棚亭

平面类型	梁架类型	典型建筑
A2 三排柱列	B2.1 一般前廊式	高家祠堂雨廊

二、悬山建筑的营造做法

（一）梁架做法

正如前文所述，兰州地区悬山建筑的内卷式梁架是一种较为特殊的做法，这样做主要有三个方面的作用：①强调并限定前导空间；②适度调节空间尺度（尤其是建筑高度）；③具有一定装饰性的作用。根据结构上的差异，内卷式结构主要分为两种形式（图3-2-5）：

内卷式一：其主要特点是屋面前坡长后坡短，前檐拱棚部分的拱棚梁上皮低于正殿部分的大梁上皮。实例如白塔山三官殿大殿，面宽三开间，九檩内卷悬山，为了增大前导空间，在前檐柱与中金柱之间增加拱棚屋架，即内卷式屋架，拱棚屋架进深大约三个步架长，而后部悬山屋架并未作太大变动，由此形成整个屋架前坡长后坡短，且前檐低于后檐。这种做法主要起到划分空间的作用，九檩屋架在建筑进深方向尺寸较大，若不进行空间划分，一则会使梁架承重过大，从而构件也大，二则若按正常举架则会抬高屋架整体空间，容易造成脊部空间昏暗，尺度失衡。因此，将前廊部分做成拱棚形式，在划分空间的同时降低前廊及脊部高度，创造出舒适的空间尺度（图3-2-3）。

内卷式二：其主要特点是屋面前后坡等长，拱棚部分的拱棚梁上皮与悬山部分的大梁上皮等高，采用"偷山夺檩"的做法[①]。这种做法在兰州悬山类建筑中比较常见，如五泉山史家祠堂（图3-2-4）、金崖三圣庙关帝圣殿、五泉山武侯祠大殿等。同样以九檩悬山建筑为例，"偷山夺檩"是在前檐柱与中金柱之间增加拱棚屋架，中金柱位置后移，而中金檩的位置还是保持不变，使"山脊"坐中，因此看上去中金檩是搁置在悬挑的二梁梁头位置上，这种做法在兰州地区称作"偷山夺檩"（实际上这种做法并没有引起屋顶梁架部分的改变，而只是中金柱的位置发生了后移）。

拱棚部分的内部构造较为简单，通常是在槽檩（这个叫法在单坡硬山见过，其他未见）的后部增加一拱棚檩，两檩之上架罗锅橡，罗锅橡上又叠加悬山二架橡，罗锅橡与二架橡共用槽

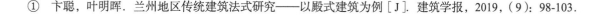

① 卞聪，叶明晖. 兰州地区传统建筑法式研究——以殿式建筑为例 [J]. 建筑学报，2019，（9）：98-103.

第三章 传统建筑梁架大木营造技术

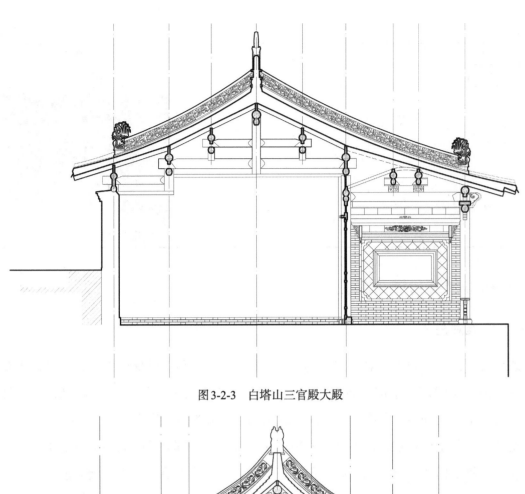

图 3-2-3　白塔山三官殿大殿

图 3-2-4　五泉山史家祠堂

檩上的椽花，拱棚檩外椽即檐椽，内椽插入金柱内。一般情况下，拱棚部分较为简单的梁架做
法是：四架梁下置随梁，随梁前部搁置在前檐柱柱头上，后部插入金柱内；四架梁上置短柱承
托拱棚梁，拱棚梁上置檩条以承罗锅椽（图 3-2-5）。还有一种情况是在较大的殿式建筑中，四
架梁与随梁之间施加荷叶墩，起到支撑与装饰的作用；若遇殿式建筑构造较复杂，通高和进深
都较大时，再增加一个鸡架梁，鸡架梁和四架梁之间用鸡架瓶承托，四架梁檐部伸出挑桃，支

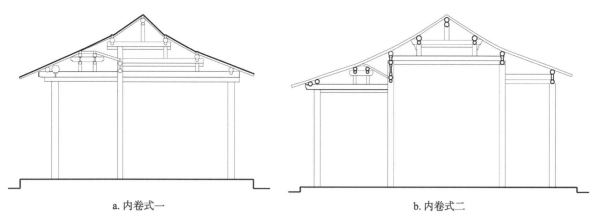

a. 内卷式一　　　　　　　　　　　　　b. 内卷式二

图 3-2-5　内卷式梁架构造示意图

撑拱棚梁。对拱棚部分的营造尺寸，工匠有自己的经验：①罗锅椽最高处的下底皮至椽花上皮的距离是一椽径；②拱棚檩之间的檩中至檩中的水平距离是至少四椽径；③在常见的四檩拱棚屋架中，檐步架举折的坡度控制在40%～60%之间（图3-2-6）。

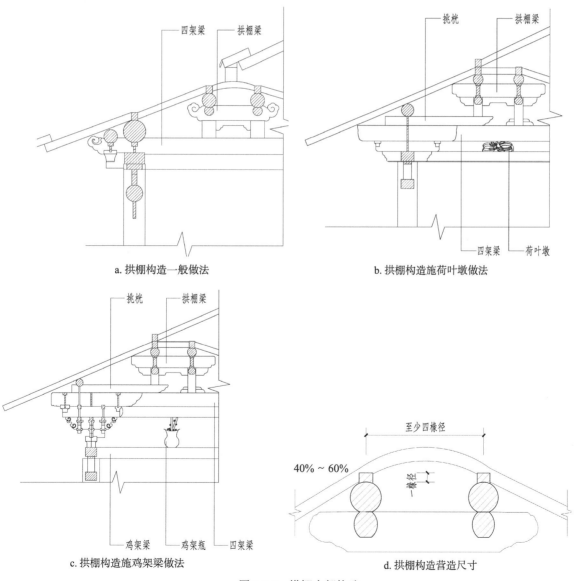

a. 拱棚构造一般做法　　　　　　　　　　b. 拱棚构造施荷叶墩做法

c. 拱棚构造施鸡架梁做法　　　　　　　　d. 拱棚构造营造尺寸

图 3-2-6　拱棚内部构造

（二）屋顶做法

1.悬山出山

悬山建筑与硬山建筑的区别就在于梢间檩木的变化，硬山建筑梢间檩木完全包砌在山墙之内，悬山建筑的檩木悬挑出梢，在山面形成出檐，防止雨水侵蚀墙身[①]。悬山建筑出山做法与官式建筑大同小异，在挑出的檩木端头使用博风板，长随椽长，按步架分段，随屋面举折用钉钉附在檩上。博风板厚度一般取4～5cm，但也不是绝对固定，一般会随总长的变化而变化，越长越厚，宽度没有具体的尺寸要求。在实际施工中，这个宽度需满足其上可搁置瓦口条以承托瓦片，其下至少要盖住挑出的一半檩径。

悬山檩木向外出挑的尺寸是从山柱中至博风板内侧1.5倍的檐柱径，而且檩下的重檩（随檩）也会一同挑出。这样做是为了应对檐部的牵、大担等构件的出挑，这个尺寸通常是牵、大担自身截面尺寸的1.5倍，枋类构件出挑尺寸同牵长，而檐柱径尺寸要大于牵、大担等构件的截面尺寸，因此这种做法可以将这些出头构件遮在檐下。与官式做法相比，兰州地区悬山檩木出挑的尺寸相对较短，并且挑出的檩木下并无燕尾枋这一构件，而是直接将檩木挑出或者将重檩一同挑出（图3-2-7）。

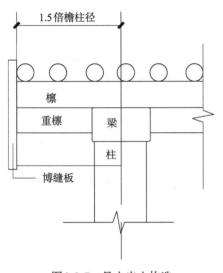

图3-2-7　悬山出山构造

兰州地区悬山建筑的山墙做法常有两种方式：一种是墙面一直封砌到顶，仅把檩木挑出部分露在外面；另一种是五花山墙做法，采取这种做法时，山墙只砌至每层梁架下皮，随梁架的举折层次砌成阶梯状，将梁架暴露在外面。

2.举架做法

兰州地区传统建筑屋面举架的做法流传着两句口诀：早期是"三五七九倒加一"，即通进深是五架或六架时，檐步以三举起始，脊步为六举；若通进深是七架或八架时，檐步以三举起始，金步为五举，脊部为八举；若通进深是九架时，檐步以三举起始，金步为五举、七举，脊部为十举；通进深若超出九架时，通常采取每两步架起一举，并适当缩短各檩水平间距的方式。此处的"倒加一"是脊步架起举在原来起举数的基础上再加一举。清中期以前兰州匠人常用这种举架，实例如白塔山三官殿正殿（始建于清康熙年间）；近代口诀是"四六八十倒加一"，即檐部起举为四举，后面遇不同进深以六举、八举起举，脊步架同样要在原来举数的基础上加一举，即以七举、九举、或十一举结束，清末及近代的匠人们常用这种新口诀，并沿用至今（表3-2-3）。

---

① 马炳坚. 中国古建筑木作营造技术［J］. 古建园林技术，2003，（2）：62-64，31.

表3-2-3 兰州地区新旧举架做法对比表

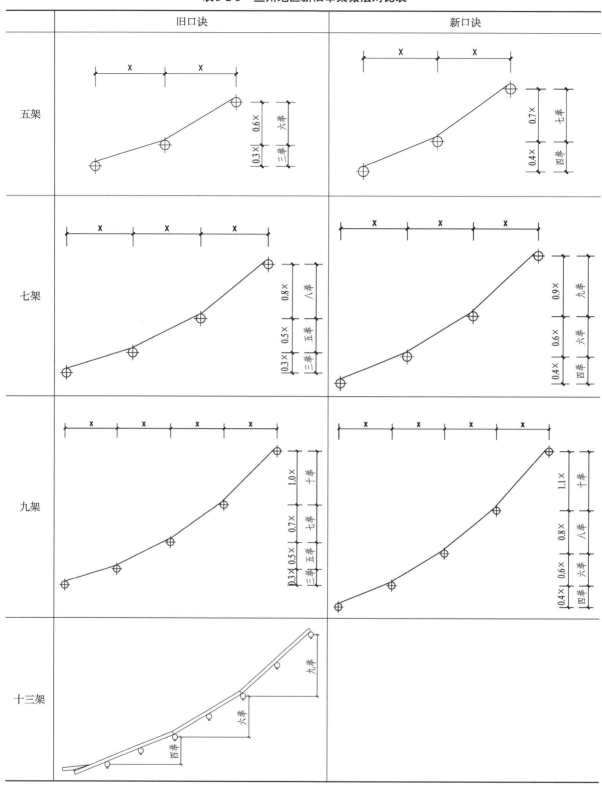

无论是上述哪种匠诀，传统屋面都会遵循一种原则，即"平如川，陡如山"，并逐渐将这一内容细致化。例如，早期的举架近脊步处略为陡峭，而近檐步处略平缓，其目的是使雨水产生较大的抛物曲线，排水更深远；而近代做法举架高度与官式基本一致，但脊步更陡，中坡曲线整体下凹，导致雨水排水速度更快，至檐部时产生较大的速度，送水也就更远，整体排

水效率会更好（图3-2-8）。这一特点除了带来建筑形象上的高耸变化外，可能与当地雨水量的变化有关。

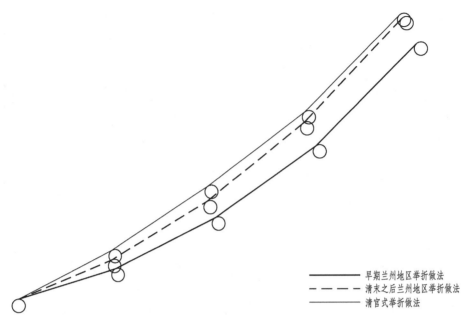

早期兰州地区举折做法
—— —— 清末之后兰州地区举折做法
清官式举折做法

图3-2-8　兰州地区与官式举架构造对比

第三节　硬 山 建 筑

硬山是兰州地区传统建筑中使用较多的一种类型，一般屋面仅有前后两坡，左右两侧山墙与屋面相交，并将檩木梁架全部封砌在山墙内[①]。兰州地区硬山建筑呈现出比官式做法更为多样的形式：既有单坡的，也有两坡的；既有有正脊的，也有卷棚的；还有如"一殿一卷"这样的组合屋架形式。其中双坡硬山多用在庙宇以及民居建筑的正房，单坡硬山则主要应用于附属建筑（多见于民居建筑当中的厢房），而组合屋架基本都用作祭祀的庙宇等建筑上。

一、硬山建筑特征和主要形式

（一）平面类型及其特征

平面按柱列排布可分为两排柱式、三排柱式、四排柱式、"凸字形"柱式及"回字形"柱式[②]。

---

① 马炳坚. 中国古建筑木作营造技术［J］. 古建园林技术，2003，（2）：62-64，31.
② 卞聪，叶明晖. 兰州地区传统建筑法式研究——以殿式建筑为例［J］. 建筑学报，2019，（9）：98-103.

1. 两排柱列（A1）

两排柱列平面有无廊式单坡硬山和无廊式卷棚硬山两种梁架形式。该平面类型较为简单，一般只作为除殿式建筑以外的次要建筑，实例见于金崖岳家巷599号西厢房（单坡硬山）、金崖邴家湾郑家祠堂西厢房（卷棚硬山）。

2. 三排柱列（A2）

三排柱列平面可以分为三类：一是无廊式、前廊式单坡硬山梁架；二是无廊式、前廊式双坡硬山梁架；三是前廊式卷棚硬山。其中，前廊式梁架又可分为一般前廊式、内卷式和外卷式梁架，而此平面形式与外卷式梁架结合的建筑相对少见，实例仅见法雨寺罗汉殿。该形式通常会形成较大的前檐空间，既起到了缓冲空间作用，同时也有祭拜空间作用，却又不会占用过大的用地，比较紧凑。

3. 四排柱列（A3）

四排柱列平面所见不多，有无廊式和前廊式梁架两种梁架形式，实例分别为金崖张家祠堂正房、白塔山三官殿东西厢房。其中，金崖张家祠堂的正房为前廊式用四柱，应是为了提供充足的空间放置祖宗牌位以及承纳更多的祭祀人群，从而将槅扇由金柱移至檐柱处所形成的空间形式；白塔山三官殿的东西厢房为前廊式用四柱，一是为室内提供了足够空间来设置神龛，二是方便了参拜人员在前廊空间进行祭拜。

4. 凸字形柱列（A4）

凸字形柱列平面仅见前廊式一种梁架形式，实例为青城罗家大院1号院正房，此建筑室内五开间，前廊部分为三开间，使用"凸字形"平面创造了开敞的"前廊空间"，不仅起到了从室外进入室内的缓冲作用，而且还形成了一种节省空间和材料的营造方式。

（二）梁架类型及其特征

兰州地区的硬山建筑梁架做法主要分为两类：

1. 无廊式（B1）

无廊式梁架是指建筑只设置室内空间，并未设置前后廊或周围廊的形式，兰州地区通常将这种形式用于对檐下空间的使用需求较低的附属建筑中。

2. 前廊式（B2）

前廊式梁架在兰州地区的硬山建筑中应用是最普遍的，民居与祠庙等建筑中都有所涉及。此地区前廊式梁架类型既包括一般前廊式梁架（B2.1），也包括兰州地区特色做法中的内卷式

（B2.2）以及外卷式梁架（B2.3）。其中，内卷式硬山建筑实例见于白塔山云月寺的正殿，构造做法较为简易，通常仅在前檐部分施用"二步栱子"，后檐不施斗栱。外卷式梁架又称"一殿一卷"，其构造做法是通过前侧一卷棚顶与后侧的屋顶形成"勾连搭"，从而增大建筑整体的进深，同时在前后两个屋顶交接的地方形成天沟。实例如白塔山法雨寺罗汉殿，大殿面阔三开间，进深两间。

（三）硬山屋架形制分类

根据平面及梁架两个方面的特征进行组合分析，兰州地区硬山建筑屋架形制可以分为：卷棚硬山建筑、单坡硬山建筑以及双坡硬山建筑（表3-3-1～表3-3-3）。

表3-3-1　卷棚硬山建筑形制分类

平面类型	梁架类型	代表建筑
A1 两排柱列	B1 无廊式	金崖岳家巷599号正房
A2 三排柱列	B2.1 前廊式	金崖岳家巷岳明煊住宅

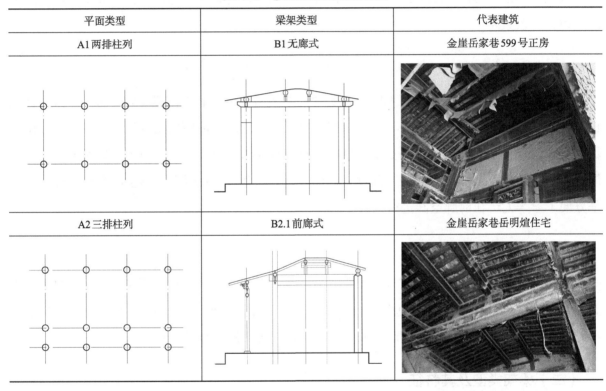

表3-3-2　单坡硬山建筑形制分类

平面类型	梁架类型	代表建筑
A1 两排柱列	B1 无廊式	金崖邴家湾郑家祠堂东厢房

平面类型	梁架类型	代表建筑
A2 三排柱列		金崖周家祠堂二进西厢房
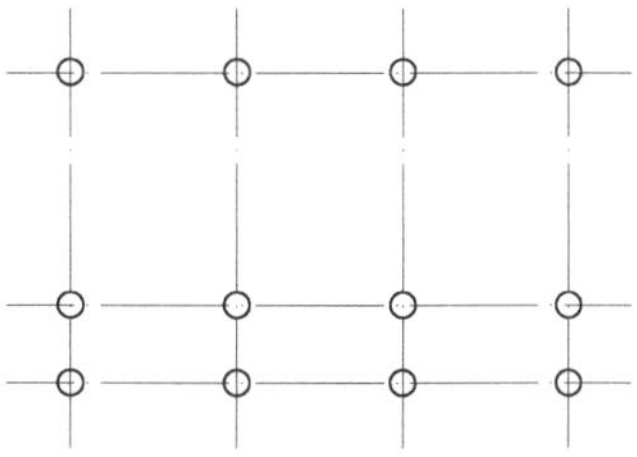		
	B2.1 前廊式 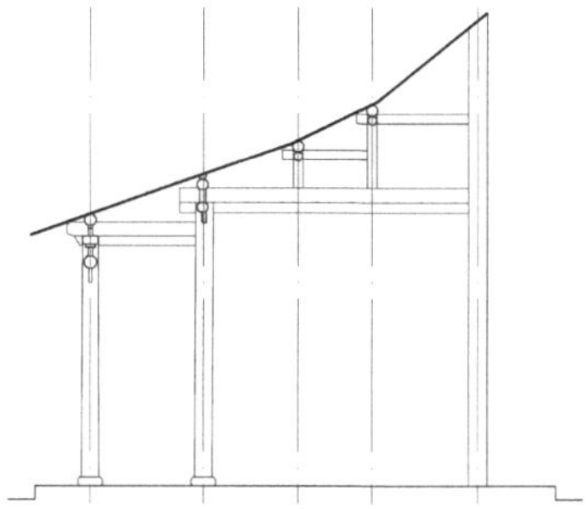	青城罗家大院2号院正房 

表3-3-3　双坡硬山建筑形制分类

平面类型	梁架类型	代表建筑
A2 两排柱列 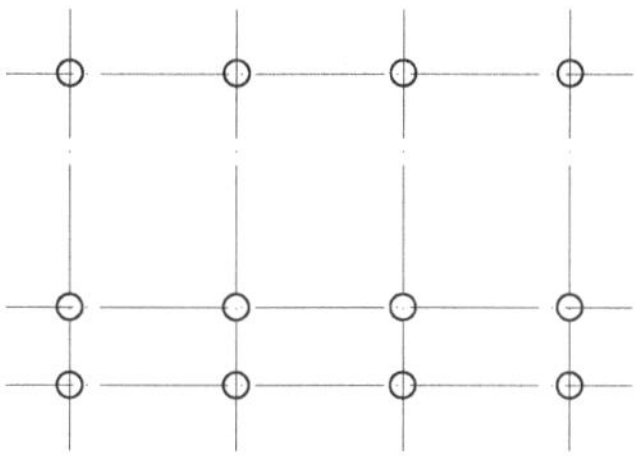	B2.1 前廊式 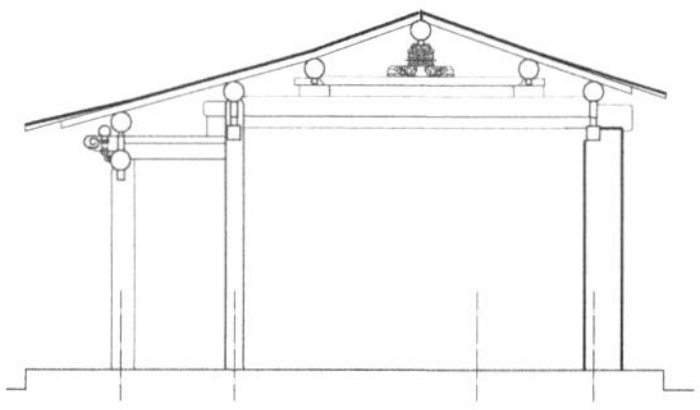	金崖黄家祠正房 
	B2.2 内拱式 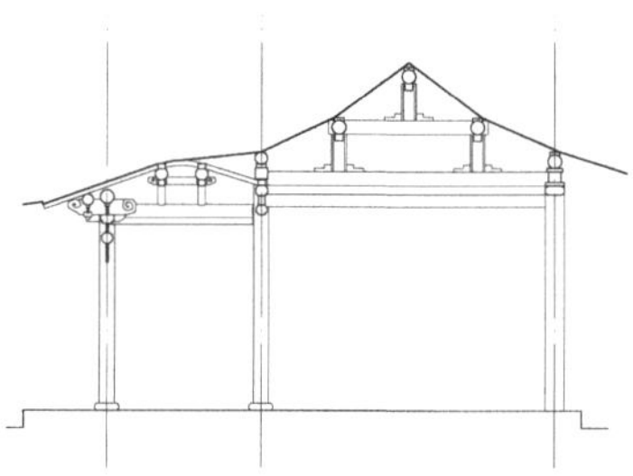	白塔山云月寺正殿 

41

第三章　传统建筑梁架大木营造技术

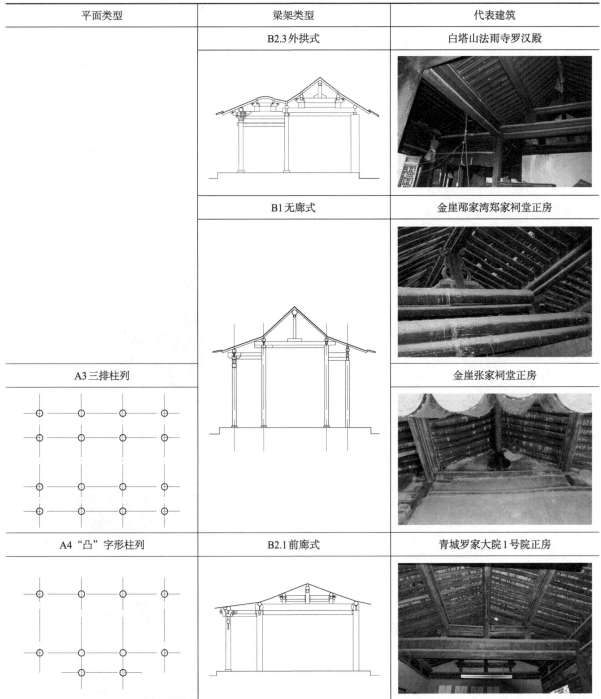

平面类型	梁架类型	代表建筑
	B2.3 外拱式	白塔山法雨寺罗汉殿
	B1 无廊式	金崖邴家湾郑家祠堂正房
A3 三排柱列		金崖张家祠堂正房
A4 "凸"字形柱列	B2.1 前廊式	青城罗家大院1号院正房

丝路甘肃建筑遗产研究：兰州传统建筑木作营造技术

二、硬山建筑营造做法

硬山建筑设计流程包括：选样—定尺—画样，画样又包含地盘（平面）、天盘（仰视平面）、剖面及斗栱大样等方面。以兰州地区常见的五檩无廊式硬山建筑为例，其梁架、屋顶结构做法如下（图3-2-1）。

（一）梁架做法

五檩无廊式硬山建筑在进深方向有四排柱列，位于前后最外侧的两排柱子是前后檐柱，其内是前后金柱。内外柱通常是等粗的，用材较小，柱径一般小于官式建筑所说的"檐柱径为明间面阔的十分之一"。檐柱与金柱之间，有扎梁和柱枋相联系。扎梁又称云头梁，位于柱枋之上，正桁之下，主要起承接檐檩，增加檐口高度的作用，也有联系檐柱与金柱的作用，类似于官式建筑里的挑尖梁或抱头梁；柱枋起联系拉结作用，类似于官式的穿插枋。在檐柱之间，从下到上会有多个层次构件：檐枋、荷叶墩、小平枋、大平枋、花板等。檐枋，位于柱间，起到拉结檐柱的作用，有时檐枋上下会有枋替子，拉结辅助构件。檐枋之上是荷叶墩，荷叶形方墩，有装饰和传力作用。檐柱柱头之上的构件层次有两种情况：当建筑等级高时，会有大担、小大平枋、替、花板等，目的是为了增加檐下高度；当建筑等级较低时，仅有大小平枋或一层平枋，甚至可无平枋。若有平枋时，在平枋之上会施彩或栱子，栱子的大斗有时会用荷叶墩代替，承托栱子，在栱子之上，安装檐檩。若无斗栱，则在荷叶墩上直接承托檩构件。

综上所述，兰州地区硬山建筑檐下做法与官式的由平板枋、额枋、由额垫板等组成的结构有很大的不同。除此之外，为了节省木材，兰州地区硬山建筑中除平枋、替等构件为方形外，其他如梁、枋等构件均直接使用圆形或椭圆形。金柱柱头上，沿面阔方向安装重檩，类似于官式的随檩枋，沿进深方向安装随梁。重檩和随梁在金柱柱头间形成一圈围合结构，类似于圈梁，对稳固下架结构起着十分重要的作用。金柱之上是三架梁，因为它在五檩无廊式硬山建筑中由下至上属于第二层梁，当地称作二梁。二梁下面即为大梁，连接前金柱与后檐柱，其下置随梁。二梁之上正中安装脊瓜柱，由于脊瓜柱通常较高，稳定性差，因此在脊瓜柱两侧辅以加马，以提高其稳定性。脊瓜柱之上置重檩，重檩上又置脊檩。

硬山建筑中，梁的长度尺寸是由进深方向柱列（柱中间距）的跨度来决定的，梁截面最小高度为跨度的十分之一。当跨度较大而现有材料不能达到预期高度时，则首先应该尽量选取较大的材料；其次在梁下置随梁，若不置随梁，也可置挑木，即从两柱向内一侧出挑跨度的1/3，使两者总高度尽量大于预计梁高。由于挑木的做法较为复杂，若未正确加工易使受力不均匀，因此在实际工程中不常使用[①]（图3-3-1）。

（二）屋顶做法

屋顶结构层主要是由椽子、望板、撩檐、瓦口条等构件组成。硬山建筑的屋顶层，并不是直接将椽子搭接在檩上的，在椽子与檩之间，通常会有一个承托椽子的构件，此构件位于檐檩上时，称为椽椀；在金檩上时，称作椽花；位于脊檩上时称作扶脊木，主要起到拉结与固定椽子的作用（若是四架椽屋，则无椽花，椽子直接斜置在檐檩上）。屋面上的椽子分为

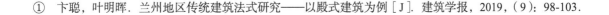

① 卞聪，叶明晖. 兰州地区传统建筑法式研究——以殿式建筑为例［J］. 建筑学报，2019，（9）：98-103.

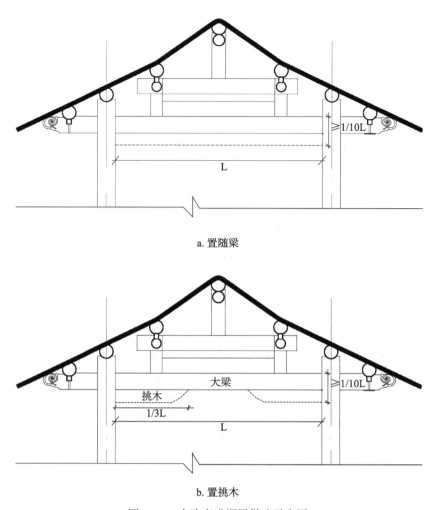

a. 置随梁

b. 置挑木

图3-3-1　大跨度进深梁做法示意图

若干段，每两檩之间为一段，最外侧为檐椽，往后依次为一架椽、二架椽……（图3-3-2），在檐椽之上还有一层椽子，附在椽头向外挑出，后尾呈楔形，当地称为"飞头"，飞头尾部长度多为露明部分长度的1.5倍（早期也有2倍的）。飞头的使用主要有两方面的作用：其一，使檐口向上起翘，形成"反宇向阳"的建筑样式；其二，增加檐口深度，并将檐口屋面坡度变缓，可将雨水抛得更远，防止落水对墙体造成侵蚀。当然，并非所有的建筑都有飞头，会根据建筑的实际需要而选择。

　　椽子的截面通常为圆形，飞头截面为方形。檐椽椽头与飞头椽头上都钉附有撩檐，与官式做法相似。撩檐用材较厚，其厚度是望板厚度的1.5倍，并且上下撩檐木都是高一寸、上宽一寸、下宽两寸的直角梯形截面条木，与官式大连檐相似，梯形斜面会使飞头与望板之间的空隙变小，增强了密闭性，故飞头尾部比官式2.5倍于飞椽椽头的做法短，撩檐安装在椽头退后3cm的位置上。此外，檐椽与檐椽之间、飞头与飞头之间都有闸口板相互联系；椽子上的望板层有用木板的，也有用木踏条的，还有藤条编织的席子。在飞头撩檐之上还会叠置瓦口条，以承托屋面瓦片，瓦口条的做法与官式的薄板做法不同，是与撩檐木同规格的木条上开波浪形槽口，与撩檐面齐平（图3-3-3）。

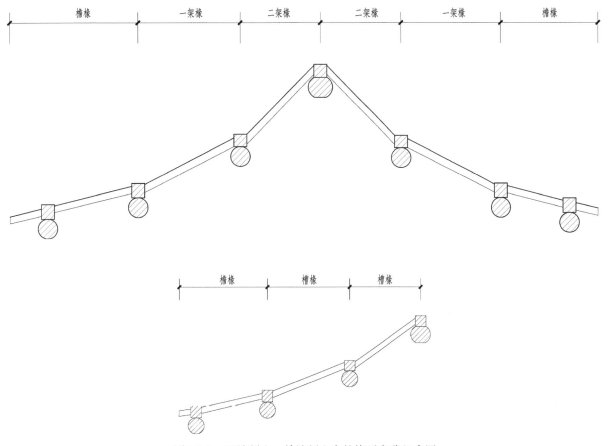

图3-3-2 双坡硬山、单坡硬山中的椽子名称组合图

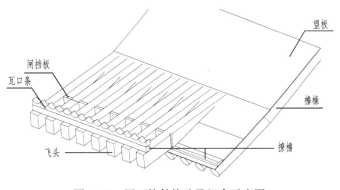

图3-3-3 屋面构件构造及组合示意图

两坡硬山建筑屋面举折基本符合"四六八十倒加一"的口诀规律。但一些单坡硬山建筑中，工匠直接规定了其坡度大小，并无举折做法。这类做法中，若施瓦，为了便于排水，屋顶坡度不低于30%；若不施瓦，坡度可有所下降。以下列举几种常见的兰州地区硬山建筑屋顶坡度的做法（表3-3-4、表3-3-5）。

表 3-3-4 单坡硬山建筑常见的屋顶坡度

构架名称	三架檩挑檐房	四架檩挑檐房	五架檩挑檐房
示意图	18%	22%	28%
坡度（不挂瓦）	无举折，坡度18%	无举折，坡度22%	无举折，坡度28%
构架名称	三架檩民居屋架	四架檩民居屋架	五架檩民居屋架
示意图	40%	40%	40%
坡度	两档椽之间不起高度，坡度为40%	两档椽之间不起高度，坡度为40%	两档椽之间不起高度，坡度为40%

表 3-3-5 双坡硬山建筑常见的屋顶坡度

构架名称	七架檩拱棚单出檐房	七架檩无廊屋架	八架檩拱棚屋架
示意图	40%　40%	60%　60%　40%　40%	60%　60%　40%　40%
坡度	椽之间不起高度，坡度为40%	符合举折口诀：檐檩上金檩两步架之间起一次高度（坡度40%），上金檩与脊檩之间起一次高度（坡度60%）	符合举折口诀：檐檩上金檩两步架之间起一次高度（坡度40%），上金檩与拱棚檩之间起一次高度（坡度60%）

第四节　组合屋顶

　　组合建筑表现为两个及以上屋顶组合在一起的形式，有垂直方向上下叠用的做法，也有水平方向相互搭接的做法，本节就常见的几种进行介绍。

一、层叠式屋顶

　　兰州地区传统建筑中常有层叠式屋顶，其做法是将不同屋顶形式上下叠用。实例见于金崖

丝路甘肃建筑遗产研究：兰州传统建筑木作营造技术

雷祖庙、白塔山百花亭，一般上层建筑小于下层建筑，形成两种不同屋顶形式的变化。金崖雷祖庙下层用悬山顶，上层用歇山顶；白塔山百花亭下层用歇山抱厦形式，上层用歇山顶。这种屋顶组合形式上变化多样，手法灵活自由；构造上，通常将建筑上层柱落在下层建筑的屋面层上，两者之间在梁架结构上各自独立（图3-4-1）。

a. 金崖雷祖庙庙门　　　　　　　　　　　　　　　b. 白塔山百花亭

图3-4-1　层叠式屋顶

二、搭接式屋顶

搭接式屋顶是较为常见的一种屋顶组合形式，通常是为满足建筑进深方面的需求而将各单体建筑进行勾连搭接。前文提到内卷式建筑也是扩大建筑进深空间的一种形式，但因受到屋顶的限制而扩大的空间毕竟有限，而搭接式屋顶则比较自由，较少受官式做法的约束，从而形成了灵活多变的屋顶组合形式。

（一）勾连搭屋顶形式

勾连搭，两个或多个屋顶沿进深方向前后相连接，在连接处做一水平天沟使雨水向两边排泄的屋面做法。勾连搭常使用于建筑进深需求较大，但又要降低屋顶高度的建筑当中。这种形式在屋顶勾连时有两种典型形式，即"一殿一卷式勾连搭"和"带抱厦式勾连搭"。

（1）一殿一卷式勾连搭

一殿一卷式勾连搭也称为通长勾连，屋顶为一个带正脊的硬山或悬山建筑和一个不带正脊的卷棚类建筑，相勾连的屋顶多数大小、高低相当，开间也相同，比较典型的如北京四合院中的垂花门，为一开间，前殿后卷，用作过门。兰州地区的这类一殿一卷式勾连搭多见三开间，前卷后殿，常做庙宇或配殿。

（2）带抱厦式勾连搭

带抱厦式勾连搭与通长勾连不同的是相勾连的屋顶往往一大一小、一主一次、高低不同、前后有别，较小的建筑就像是另一个的附属抱厦，抱厦面阔小于主殿面阔。兰州地区这类建筑前抱厦一般做卷棚歇山，主殿建筑做硬山、悬山或歇山等形式，建筑等级相对较高（表3-4-1）。勾连搭屋顶形式在梁架做法上，两个建筑通常在构架上是相对较独立的，但两者会共用进深

表3-4-1　勾连搭屋顶类型

类型	一殿一卷式		带抱厦式	
建筑	法雨寺罗汉殿	城隍庙厢房	伏羲殿	乐到名山	浚源寺大雄宝殿
照片					
平面					
开间	3+3	3+3	3+5	3+5	3+5
剖面					
样式	卷棚硬山+硬山	卷棚悬山+悬山	卷棚歇山+硬山	卷棚歇山+悬山	卷棚歇山+歇山

方向的一排中柱，前面建筑的梁架尾端插入中柱或中柱之上的枋类构件中，形成结合关系。还有一种比较独特的结构关系是抱厦部分的进深需求很大，主殿部分的三架梁会穿过中柱柱头延伸至前抱厦，并插入到抱厦部分角部的垂柱内，两者有较强的构架拉结关系，如金崖三圣庙的戏台，因戏台这种特殊功能的需求，其前抱厦承担着重要的角色，建筑地位和规模甚至比主殿更为宏大，因此在结构上更为重要，相对复杂的结构是为了增强结构的整体稳定性（图3-4-2）。

a. 五泉山伏羲殿　　　　　　　　　　　b. 金崖三圣庙戏台

图3-4-2　带抱厦式勾连搭实例

（二）抱厦屋顶形式

抱厦屋顶形式是在主体建筑之外加副阶廊，从外观上看上去好像"副阶重檐"，常用于较为隆重的建筑之中。主要有"前后抱厦"、"左右抱厦"和"前抱厦"。这种屋顶形式的主体建筑一般使用歇山顶，抱厦一般使用悬山顶或歇山顶。两者在梁架结构上仅共用相交处的柱和枋，构架各自相对独立。"前后抱厦"多用于庙宇的大殿，主要是扩大前檐的祭拜空间以及后檐的佛龛空间；"左右抱厦"用于戏台建筑，主要是作为主体建筑的辅助房间来使用。"前抱厦"主要用"前转后不转"[①]的做法，具体是将前抱厦歇山屋顶后部的翼角省去，保留前部翼角起翘和完整的正脊、垂脊，后部接悬山顶。这种屋顶形式主要用于经济条件有限，而又需要歇山屋顶的庙宇大殿（表3-4-2）。

---

① 李江. 明清甘青建筑研究［D］. 天津：天津大学，2007：39.

表 3-4-2　抱厦屋顶类型

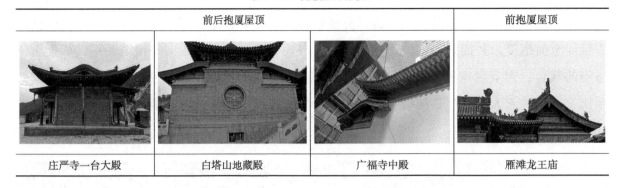

前后抱厦屋顶			前抱厦屋顶
庄严寺一台大殿	白塔山地藏殿	广福寺中殿	雁滩龙王庙

第五节　亭 类 建 筑

一、兰州地区亭类建筑的分类

《说文解字》曰"亭，民所安定也。亭有楼"，代表着亭类建筑最初来自于古代军事防御系统，有传递紧急情报的功能，因此从"高"得形，有安民之用。当亭逐渐进入大众视野后，褪去了其军事功能，以其华丽的身份转换成为中国古典园林中一类重要的景观，长盛至今。亭在园林建筑中被赋予了更多的功能和需求，尤其在大木营造方面体现出灵活多变的地域性特点。传统亭类建筑在受到本土文化的浸染后，其营造做法也更加多元，制式也更为丰富，历史更迭逐渐衍生出了具有当地特色的大木营造体系。

兰州地区现存亭类建筑大多修建于20世纪六七十年代的兰州市园林建设期[1]，但其大木匠师之工艺却一脉传承，将兰州地区亭类建筑的形式与各部分构造特征延续至今。尤其在亭类建筑的翼角部分与其整体结构及形式的关系上十分突出，同时也体现出兰州地区大木结构体系的一些典型建构逻辑。

兰州地区亭类建筑种类繁杂，形式多样。但究其底层建造逻辑，与殿式建筑类似，亭类建筑在其选样阶段同样以屋顶形式以及平面柱网为首要考虑因素，以此便确定亭类建筑给人以最直观的整体外观形象。因此将其平面类型和屋顶形式做如下分类组合（表3-5-1）：

（一）三角亭

三角平面形式的亭类建筑在全国范围内属于少见，兰州地区见于白塔山的东风亭与喜雨亭，因其受场地限制，为最大化的合理利用空间而产生。其平面为一等边三角形，交点上分立三柱围合而成，其中一边敞开设置踏步形成入口，其余两边设坐凳栏杆，以供游人休憩之用。三角亭在兰州地区常作A1+B1的形式，为攒尖屋顶。

---

① 卜聪. 兰州地区传统建筑大木营造研究［D］. 兰州理工大学，2019.

表 3-5-1　亭类建筑类型统计表

平面类型	屋顶形式	典型案例
（A1）三角平面	（B1）攒尖式	白塔山喜雨亭
（A2）四角平面	（B2）歇山式	五泉山猛醒亭 五泉山桥头亭
（A3）五角平面	（B3）盝顶式	白塔山五角亭

平面类型	屋顶形式	典型案例
（A4）六角平面		兴隆山喜松亭
（A5）八角平面	（B1）攒尖式	五泉山漪澜亭

（二）四角亭

四角平面的亭类建筑在兰州地区则较为常见。其平面为正四边形，一般在各角立柱形成四柱围合，但为增强四角亭的结构稳定性，亦存在四角亭各面均增加两根檐柱，各面呈现出四柱三开间的形式，整体由十二柱围合而成。出入口常设置1～2个：设两个出入口时一般相对设置，相对两边敞开设置踏步，另外两边施以坐凳栏杆；设一个出入口时仅一边敞开施加踏步以供进出，其余各边皆施坐凳栏杆。四角亭在兰州地区常作A2+B2/B1的形式，其梁架与殿式建筑中的歇山梁架结构无异，而屋顶形式对应梁架结构可作攒尖顶或歇山顶，亦有施以重檐攒尖顶。施加重檐攒尖顶时，内圈柱却不落地，只可见外层一圈柱。

（三）五角亭

五角平面形式的亭类建筑在兰州地区也属于较为少见的一类。其平面形式为正五边形，在各角立柱形成五柱围合。选取其中一面设置踏步作为唯一出入口，其余四边均施以坐凳栏杆。五角亭在兰州地区常作A3+B1/B3的形式，而屋顶为盝顶或攒尖顶。

（四）六角亭

六角平面的亭类建筑在兰州地区属于较为常见的类型。其平面为正六边形，在各角立柱形成六柱围合。出入口的设置与四角亭类似，对称设置踏步，其余各边施以坐凳栏杆。六角亭在兰州地区常作A4+B1/B3的形式，屋顶多施攒尖顶，也做重檐形式，当作重檐时也与四角亭一样，内圈柱不落地。

（五）八角亭

八角平面形式的亭类建筑在兰州地区较为少见，实例见于五泉山的漪澜亭。其平面为正八边形，在各角立柱形成六柱围合。出入口设置则与四角亭、六角亭类似。八角亭在兰州地区常作A5+B1/B3的形式，屋顶一般为攒尖顶。

二、兰州地区亭类建筑构造做法

亭类建筑由于其特殊的功用性，构造做法有别于其他类型的建筑。根据其结构大体分为下架结构和上架结构两个部分，现分别对其基本构造做法进行扼要介绍。

（一）下架结构

下架结构是指亭类建筑柱子顶部以下的大木构件结构[①]。在下架结构中，通常根据承重柱子的数量不同围合形成相对应的平面形式，并且柱下为鼓形的柱顶石，柱身作收分，整段柱子作为亭子的落地承力结构。根据柱间连接构造的不同，可分为以下两种方式。

单层类圈梁结构：为固定亭子下架柱子，使其成为整体，在柱头之间做构件搭交，形成亭子下架木构的类圈梁结构[②]。兰州地区亭类建筑结构中，其类圈梁结构做单层或双层。单层类圈梁结构有大式与小式之分，大式做法在柱头之间做大担箍头搭交，形成亭子下架的类圈梁结构，大担上下两面施加担替，下设牙子减弱柱间剪力，上施荷叶墩承担上架木构，荷叶墩顶部与柱顶齐平；小式做法则将荷叶墩替换为垫板，同样与柱顶齐平（图3-5-1）。

双层类圈梁结构：为进一步促进柱子间稳定，也有做双层类圈梁结构，即在大担之下还有一层类圈梁构件——檐枋，且双层类圈梁结构主要运用在重檐亭中。双层类圈梁构造在大式做法和小式做法中略有不同：大式做法中，檐枋上下施加枋替，下层设牙子，檐枋与大担之间作花板连接，大担之上施加荷叶墩以承担上架木构；小式做法中，檐枋上下施加枋替，下设牙子，檐枋与大担之间施加荷叶墩，大担则直接承担上架木构（图3-5-2）。同时为了增强亭类建

①　汤崇平编著；马炳坚主审. 中国传统建筑木作知识入门：传统建筑基本知识及北京地区清官式建筑木结构、斗栱知识［M］. 北京：化学工业出版社. 2016.

②　马炳坚. 六角亭构造技术（一）［J］. 古建园林技术，1987，（4）：7-19.

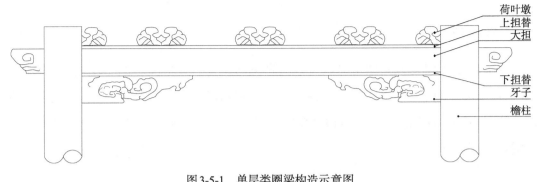

图 3-5-1　单层类圈梁构造示意图

荷叶墩
上担替
大担
下担替
牙子
檐柱

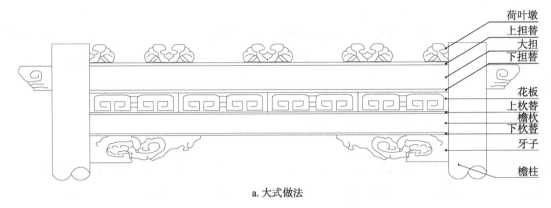

荷叶墩
上担替
大担
下担替
花板
上枕替
檐枕
下枕替
牙子
檐柱

a. 大式做法

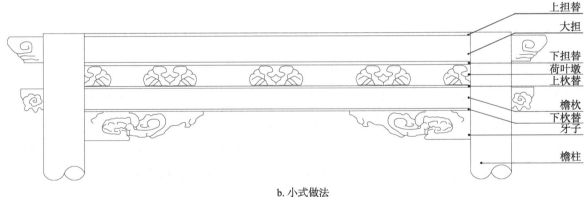

上担替
大担
下担替
荷叶墩
上枕替
檐枕
下枕替
牙子
檐柱

b. 小式做法

图 3-5-2　双层类圈梁构造示意图

筑下架构件之间的稳定性,其构件常会在角柱柱头处出头。大式做法中,从下至上依次为牙子出头的耳牙子,檐枕出头的格云子,担子出头的枕头子,荷叶墩出头的荷叶子。

(二)上架结构

上架结构是指柱头以上的大木构件整体。在上架木构中,同北方官式一样分为施加斗栱的大式做法与不施加斗栱的小式做法[①]。大式做法中,兰州地区又细分为施加兰州特色栱子和彩两种形式:在施加栱子时,常使用二步栱子,无坐斗,其第一步栱子并非为一整体,而是里、外拽两个部分,分别与大小平枋做榫卯口搭接(图3-5-3);在施加彩时,坐斗立于平枋之上,

① 马炳坚. 中国古建筑木作营造技术(第2版)[M]. 北京:科学出版社. 2003.

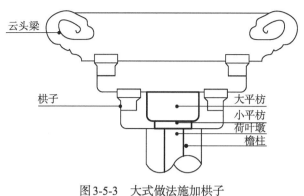

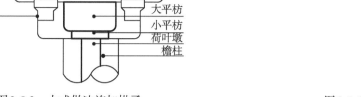

图3-5-3 大式做法施加栱子　　　　　　　　图3-5-4 大式做法施加彩

和北方官式大式做法相似（图3-5-4）。在小式做法中，无平枋与斗栱，直接用大担或垫板承担正桁。

平枋以上的木构件，在不同部位具有不一样的构造。因此将平枋之上的构造分为翼角承重、柱间承重以及最高处的顶部木构承重，现分别做详细介绍。

1. 翼角承重构件

翼角部分的构架作为整个亭子的重要结构，其在起翘及传送上架木构角部重量至下架木构方面起着不可替代的作用。兰州地区亭类建筑根据承担翼角的构件及翼角部分承担上部木构的不同处理，可组合成多种形式，充分体现兰州地区亭类建筑结构的适应性。

（1）斜梁与井口垂的组合承重形式

斜梁与井口垂组合形式是兰州地区亭类建筑最为常见的构造做法，应用于各种平面形式的单檐与重檐亭类建筑中。其上架木构翼角部分的构造做法主要有以下几个特征：首先，在大平枋之上施加栱子或者彩，视亭类建筑制式高低，选择一步栱子或二步栱子；其次，在斗栱或者彩之上置斜云头梁（小式做法置于柱头之上），斜云头梁上部作桁椀承担上架木构的第一层类圈梁结构——搭交子桁；再者，斜云头梁之上置底角梁，底角梁正心部位作桁椀承搭交正桁；最后，底角梁之上置大角梁以及大飞头，大角梁与大飞头之间施加楷头，大角梁外拽端头下设桨柱子。

因为这种组合形式在上架木构中翼角部分上下构件的搭接顺序与官式做法存在差异，使得翼角部分在檐柱以内的里拽部分更加突显出兰州地区地方特色。北方官式中承担老角梁的斜梁，不再搭接在正桁之上，而在施加栱子时搭接于大平枋之上（施加彩时搭接于彩的横向条枋之上），不施加斗栱时搭在大担之上，用以承担斜云头梁向里延伸部位（图3-5-5）。斜云头梁里拽部分的后尾做透榫，穿插于井口垂之中。同样，大角梁前端扣在搭交正桁之上，后尾做透榫穿插在井口垂之上。在大角梁与井口垂的搭交上方，施加桁形成上架木构中的第二层类圈梁结构——搭交金桁，且搭交金桁作上下两层，其间由花板或荷叶墩连接，上层搭交金桁上设椽花以接扶椽（图3-5-6）。若作重檐，井口垂向上延伸作为上层檐口的檐柱，其余构件与下层檐口翼角部分构造基本相同。而上下层檐口翼角部分构造的差别之处在于施加斗栱的不同，通常

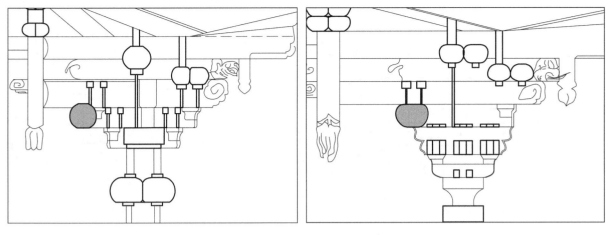

a. 施加栱子

b. 施加彩

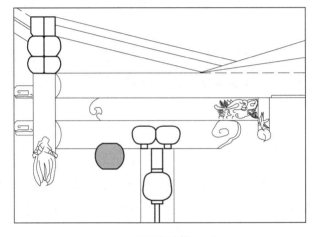

c. 不施加斗栱

图3-5-5　斜梁位置示意图

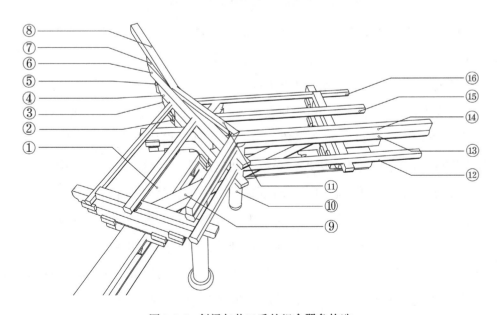

图3-5-6　斜梁与井口垂的组合翼角构造

①大平枋　②栱子　③斜云头梁　④底角梁　⑤桨柱子　⑥大角梁　⑦楂头　⑧大飞头　⑨斜梁　⑩井口垂

⑪扶椽　⑫下搭交金桁　⑬上搭交金桁　⑭椽花　⑮搭交正桁　⑯搭交子桁

情况下，其上层檐口制式高于下层檐口的制式。

除斜梁与井口垂组合中的常见做法外，也存在一些构件的特殊处理。如双层井口垂构造，为增强井口垂之上木构件的稳定，在井口垂与关心垂之间加做一层井口垂构件。即将第一层井口垂与大角梁作透榫穿插形成的后尾继续向内延伸，与第二层井口垂同样作透榫进行穿插，第二层井口垂上端同第一层一样作两层搭交金桁，中间由花板连接，下层搭交金桁下皮做牙子（图3-5-7）。再如歇山梁构造，其木架构造与兰州地区歇山顶殿式建筑的木架构造类似，即井口垂上端承重构件由桁变梁，在垂直于开间方向施加歇山梁，下皮设随梁，上皮施椽花，山面椽尾归于椽花之中。歇山梁之上设挂柱（瓜柱），上承脊檩，若做卷棚歇山顶，上设双挂柱承卷棚梁。平行于开间方向上在歇山梁之上搭接金桁，下皮设随檩枋，上皮施椽花承椽子（图3-5-8），而歇山梁构造仅用于四角亭内。

图3-5-7　双层井口垂构造

图3-5-8　歇山梁构造

（2）斜梁与挂柱的组合承重形式

斜梁与挂柱的组合应用于兰州地区亭类建筑的大式做法当中，檐柱顶施加大小平枋，其中穿插栱子，且常见于单檐八角亭。此种做法的翼角部分在其檐柱以外与井口垂式并无不同。不同之处在于其里拽部分，承担挂柱的斜梁作两层，并分别平行于檐柱两侧平枋。底层斜梁搭于平枋处，与平枋相交；上层斜梁搭在平枋之上。两层斜梁相互交叉，在其交点处，于上层斜梁上皮立挂柱，与大角梁的后尾部做透榫搭接。挂柱之间置搭交金桁，用荷叶墩相隔形成双层搭交金桁。搭交金桁上设椽花，椽花相交处搭接由戗，用以承担顶部构件。

除此之外，此种做法的亭类建筑开间都较大，为增加构件之间的稳定，在上层斜梁的挂柱顶部设趴梁，与挂柱相交于大角梁尾部之上（图3-5-9）。不同于北方官式做法中趴梁起到承担上层木构件的关键作用，四根趴梁承接在相对两根挂柱上且长短一致，形成"井"字样式，故称"井字梁"，其主要为稳定上架木构而起到拉结作用。有时为进一步增强拉结作用，会在其

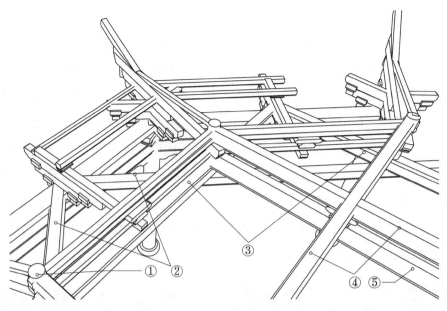

图3-5-9　斜梁与挂柱的组合翼角构造
①挂柱　②底层斜梁　③上层斜梁　④趴梁　⑤随梁

中一组的趴梁之下设置随梁，随梁与挂柱相交置在上层斜梁之上。趴梁与其随梁之间设荷叶墩，高度与挂柱相同。

（3）米字梁与挂柱的组合承重形式

米字梁与挂柱的组合做法较为少见，仅应用于六角平面的小式亭内。在此构造做法中，用于承担亭类建筑翼角部分重量的构件不再使用兰州地区一贯使用的斜梁，而是用米字梁代替作为承重构件[①]。

首先，在各对角柱柱头上方施加一根大梁，并使得三根大梁交于中心一点形成"米"字形。檐柱与米字梁搭交上方依次置云头梁、底角梁、大角梁以及大飞头，大角梁与在米字梁之上的挂柱做透榫穿插，用以承担上部木构。并且，本应由挂柱承担的搭交金桁与椽花进行错位处理，即搭交金桁不在挂柱之上，而是向檐柱一侧偏移，由大角梁作为桁椀承担，挂柱之上仅承椽花（图3-5-10）。若做重檐，挂柱向上延伸作为上层檐的檐柱，上层檐构造与下层檐构造相同，同样施加米字梁、云头梁、底角梁、大角梁等一系列构件。

（4）内圈落柱的承重形式

内圈落柱的承重做法在兰州地区的亭类建筑中也较为少见，仅应用于五泉山猛醒亭及浚源寺钟亭，且都为四角亭。兰州地区亭类建筑主要担任游憩功能，为了增大内部活动空间一般只做单圈柱，内部木构件一般都由斜梁、井口垂、挂柱等不落地构件通过悬挑或杠杆原理进行承重。但当亭类建筑功能需要辟作如钟鼓楼的仪式建筑功能需求时，因其需要架立响钟等器物，

①　据与范宗平先生详谈，此种米字梁做法并不是兰州地区典型的亭类建筑梁架做法，更多的是后面根据实际的需要而生成的一种梁架结构方式。

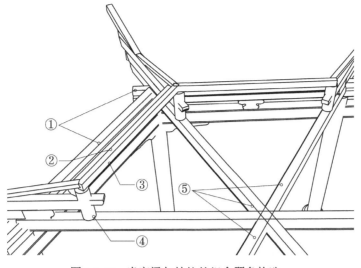

图3-5-10 米字梁与挂柱的组合翼角构造
①搭交正桁 ②搭交金桁 ③椽花 ④挂柱 ⑤米字梁

多会作两圈柱，以增加建筑结构的整体稳定性。

在内圈落柱承重中，其檐柱以上与其他构造做法并无区别，翼角云头梁、大角梁与内圈柱做透榫穿插，由内圈柱顶部承担上部木构。架立响钟时，在内圈柱中部平行开间方向施加横梁，横梁两侧与内圈柱做透榫穿插，两横梁之间用一根大梁连接（图3-5-11），用于悬挂响钟。

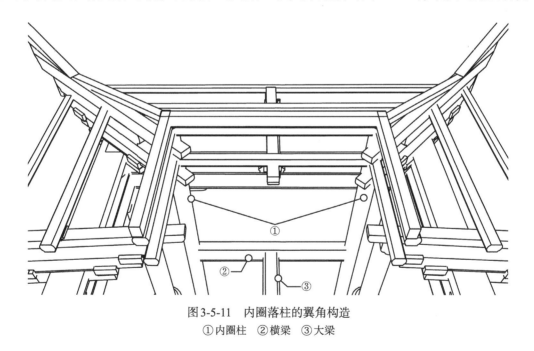

图3-5-11 内圈落柱的翼角构造
①内圈柱 ②横梁 ③大梁

2. 檐下承重

亭类建筑檐下的构造做法相较于翼角部分，处理得较为简单，在整个亭子的承重体系中也只起了辅助承重的作用。但亦有大式做法和小式做法之分，小式做法由下架木构的荷叶墩或大担直接承担正桁，再由正桁承担檐椽及飞椽等构件，而柱间只承担亭子正身檐口部分的构件。

大式做法相较于小式做法的构造要复杂一些。即由下架木构的荷叶墩承担大小平枋，大平枋之上置棋子或者斗栱。斗栱上部置云头梁，其外拽承担子桁，云头梁之上施加兰州地区木构建筑中的特色构件——挑桃。挑桃内侧向里悬挑承担亭子内部的搭交金桁；挑桃外侧不向外延伸，与子桁做榫卯搭接，挑桃之上承担正桁。在四角亭中，靠近角柱一侧的棋子上方伸出挑桃，其向内延伸穿插在井口垂中，与云头梁、大角梁之间呈四十五度并共同支撑井口垂（图3-5-12）。

除此之外，兰州地区还存在一种特殊的亭类建筑——重檐转角四角亭。此类亭子在其构造上属于斜梁与井口垂的组合做法，但因上层檐进行90°的旋转，故其下层檐的井口垂向上延伸作为上层檐的破间檐柱，用以承担上层檐的柱间构件，其余构件不变。在下层檐中，自柱间平枋的中点位置立柱，向上延伸至上层檐平枋下皮，作为上层檐的角柱（图3-5-13）。

图3-5-12　挑桃　　　　　　　　　　图3-5-13　重檐转角亭上层角柱

3. 顶部承重

亭类建筑顶部的构造做法主要还是根据其所施屋顶类型的不同而变化。主要包括攒尖顶、歇山顶、盔顶以及十字脊式顶。

最为常见的屋顶形式为攒尖顶，其构造与北方官式相似，是在中央位置施加关心垂，官式称为雷公柱，即整个木构架中心的垂柱。关心垂与搭交金桁之间通过由戗连接，由戗的上端与关心垂搭接，下端与搭交金桁之上的椽花连接。同时，兰州地区亭类建筑常在关心垂及搭交金桁之间作天花以隐藏上部构造。天花以下或施加天罗伞（图3-5-14），或施加条枋与雀替的组合以达到装饰及拉结构件的效果（图3-5-15）。并且在斜梁与挂柱的构造做法中，在四根井字梁上各立两根挂柱，上端承接天花的八个角，也间接承担由戗上的部分荷载，以此更好的支撑顶部构件重量以达到整个亭子的稳定。

盔顶顶部构造与攒尖顶相似，不同之处在于盔顶的顶部构造会在由戗与关心垂之间用厚木板及木钉做成盔顶样式，从外形上看可以使得亭类建筑更显高耸。较为特殊的是十字脊式屋顶的顶部构造，这种屋顶构架形式只运用在四角亭之中。其四个角的由戗汇聚于顶部一点，并且

图3-5-14　天罗伞与井字梁上挂柱

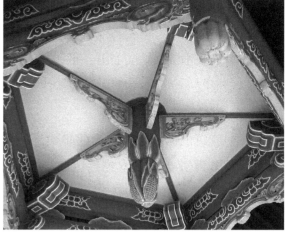
图3-5-15　条枋与雀替的组合

以交汇点为中心，在由戗之间的空隙位置各施加一根脊檩承托椽子，于四边搭交金桁上各立一根挂柱以承接上方两根脊檩（图3-5-16），外部形式如两个歇山顶成十字相交而成。

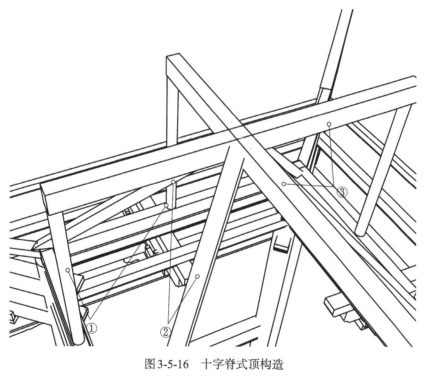
图3-5-16　十字脊式顶构造
①挂柱　②由戗　③脊檩

三、兰州地区亭类建筑构建逻辑

兰州地区亭类建筑种类繁杂，形式多样，究其营造逻辑，与兰州地区殿式建筑类似[①]：亭类建筑在其选样阶段以屋顶形式和平面柱网为首要考虑因素，在确定亭类建筑给人的直观形象

①　卞聪，叶明晖. 兰州地区传统建筑法式研究——以殿式建筑为例 [J]. 建筑学报，2019，（9）：98-103.

后，再进行结构层面考量便具有了一定程度的灵活性，即在同种平面与屋顶的组合中可运用不同类型的构造做法。据兰州当地大木匠师范宗平、陈宝国及张志远等匠人所述，亭类建筑结构层面的考量基本依据"陡如山，平如川"的口诀进行建造。因此，尽管亭类建筑在建造过程中具有一定程度上当地大木匠师的经验之举，但从其举折变化上依然能够从中窥探出其结构逻辑之一二。

亭类建筑的屋面构架均为两步架，通过对其各步架的测量与分析（表3-5-2），首先可以明确的是其屋面举折基本都是以四举起始，这既符合兰州当地的屋面举折之法"四六八十倒加一"的第一步架举折，同时也通过较小的四举来达到亭类建筑"平如川"的整体外在形象。

表3-5-2　各类亭类建筑举折尺寸表

（单位：mm）

亭子类型	构造特点	檐步架 举高/步长	举架	脊步架 举高/步长	举架
白塔山五角亭	斜梁与井口垂的组合	725/1905	四举	1570/1050	十五举
白塔山八角廊亭	斜梁与井口垂的组合承重形式	720/1850	四举	2275/1725	十三举
白塔山四角廊亭	斜梁与井口垂的组合承重形式	815/2025	四举	1200/1005	十二举
兴隆山六角亭	斜梁与井口垂的组合承重形式	965/2400	四举	1255/1090	十一举
五泉山四角桥头亭	斜梁与井口垂的组合承重形式（歇山）	1160/1700	七举	885/775	十一举
白塔山三角喜雨亭	斜梁与井口垂的组合承重形式	875/2030	四举	725/650	十一举
五泉山五角廊亭（小式）	斜梁与井口垂的组合承重形式	575/1470	四举	840/895	九举
五泉山四角廊亭（小式）	斜梁与井口垂的组合承重形式	725/1680	四举	700/750	九举
五泉山湖边八角亭	斜梁与挂柱的组合承重形式	1115/2450	四五举	2370/2700	八五举
五泉山六角亭	星字梁与挂柱的组合承重形式	540/1310	四举	655/810	八举
五泉山四角猛醒亭	内圈落柱的承重形式	895/2040	四举	1105/1350	八举

"陡如山"的外在形象体现主要集中在亭类建筑脊步架的举折之上，但却不像檐步架存在某一固定值，而是在某一区间内具有较为明显的变化。并且，通过在同种平面类型但不同构造特征的横向对比可以发现（图3-5-17），斜梁与井口垂组合承重形式的举折普遍高于其他组合承重形式的举折。并在大式做法中以十举作为分界线，斜梁与井口垂组合承重形式的举折普遍在十举以上，甚至达到十五举，而其他形式的组合承重都在十举以下。在十举以上亭类建筑中，为达到大举折的要求，常作诸如双层井口垂的构造，使得亭类建筑在第二举中可近似看作分成两段，整体形成三步架的构造形式，以此追求结构上的稳定。类似的，在十举以下的大开间亭类建筑中，也会做井字梁上立挂柱的构造来更好的分散上部构件的重量，增加上部构件的稳定性。同时，通过在同种构造特征但不同平面类型的纵向对比可以发现（图3-5-18），其不同平面类型的举折变化并无规律可言，其举折变化主要体现在大式与小式的区别之上，即大式亭类建筑脊步架举折高于小式亭类建筑脊步架举折。

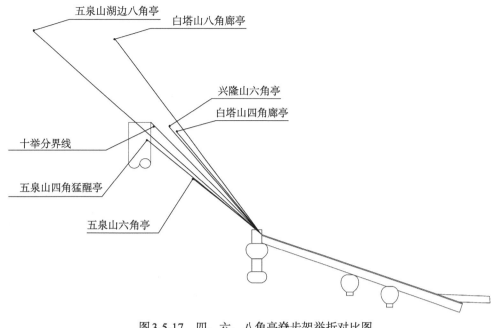

图 3-5-17　四、六、八角亭脊步架举折对比图

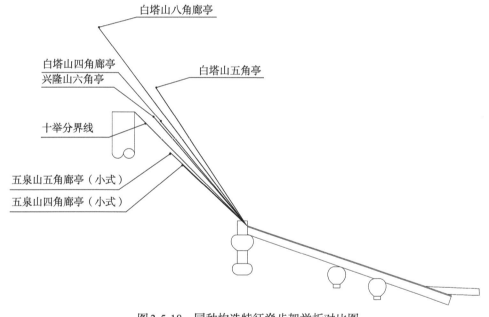

图 3-5-18　同种构造特征脊步架举折对比图

第六节　其他建筑

一、牌楼建筑

（一）建筑分类

牌楼建筑作为中国特有的建筑形式与文化符号，其在功能上主要是起装饰作用和渲染主体建筑的气势，表彰或纪念某人某事，以及作为某个区域的分界和导向标志。因此，这种中国传统建筑类型多建于宫苑、寺观、祠堂、衙署、陵墓和街道路口等地。牌楼在民间常与牌坊视为

同一种建筑形式，并未在建筑形象上做严格的区分。但需要说明的是，牌楼相较于牌坊具有斗栱和屋顶等形式，而牌坊却不具备。

牌楼建筑本身形式多样，再加上地域文化、技术和审美的差异，更是造就了兰州地区牌楼建筑的多样化。但仍可根据其平面柱网以及屋顶形式进行如下分类（表3-6-1）。

表3-6-1　牌楼建筑分类

平面柱网	屋顶形式	典型案例	
单排柱列	歇山 悬山	白塔山山底牌楼 （四柱三间七楼）	白塔山云月寺牌楼 （二柱一间一楼） 城隍庙入口牌楼 （四柱三间三楼）
双排柱列	歇山	五泉山嘛呢寺牌楼 （前后四柱三间三楼）	白塔山二台牌楼 （前后六柱五间三楼）

（二）构造特征

牌楼建筑的构造做法受到当地传统殿式建筑的影响，所以在构造上与传统殿式建筑十分

丝路甘肃建筑遗产研究：兰州传统建筑木作营造技术

相似。其构造做法更多的关注在檐下斗栱及用彩方面,形成独具兰州韵味的牌楼风貌。根据柱列的不同大致分为单排柱列和双排柱列,现对其结构做一简要说明。

1. 单排柱列

（1）柱子部分

单排柱列的牌楼建筑因其柱子只有一排,在其整个牌楼建筑的稳定性上存在很大问题,所以牌楼建筑常在柱子部位做一系列的固定措施增加其整体稳定性。而在柱子下部的加固措施主要有抱柱石、夹杆石以及戗柱。

抱柱石主要是由两块上部为弧形,下部与地面齐平的片状石组成,在柱子的前后两面各立一块,形如两块石片抱住柱子,所以称作抱柱石。兰州地区也存在纵向的抱柱石,即以抱柱石较窄的一面接触柱子,如三星殿院内牌楼（图3-6-1）。有时,为加强抱柱石的稳定作用,常会在柱子与抱柱石之间设置拉结稳定构件,将抱柱石中部进行开口处理,用长形木条将抱柱石与柱子串联在一起,类似于串撑的形式,如红城感恩寺山门牌楼（图3-6-2）。也会用长条金属片将抱柱石与柱子捆住以增强其稳定性,如兰州城隍庙入口牌楼（图3-6-3）。

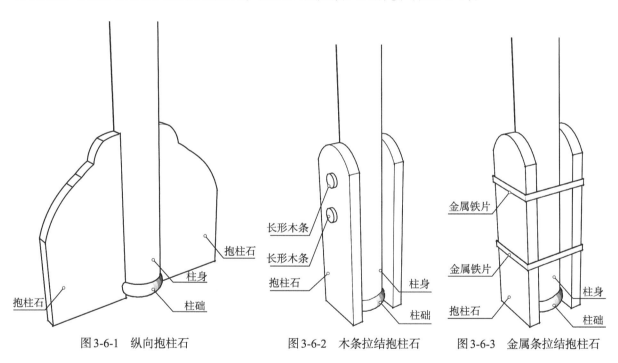

图3-6-1　纵向抱柱石　　　图3-6-2　木条拉结抱柱石　　　图3-6-3　金属条拉结抱柱石

夹杆石这类构件运用的原理与抱柱石类似,也是为了增强牌楼建筑柱子的稳定性,但其效果相较于抱柱石更为有效。主要是因为夹杆石将柱子整个包住,避免柱子下部受空气、雨水等侵蚀,增加了柱子的使用寿命;柱子底部增大了接触面积,同样起到增强其稳定性的效果。

兰州地区除传统的夹杆石之外（图3-6-4）,还存在其他形式的夹杆石。如法雨寺门前牌楼（图3-6-5）,用长条石块将柱子与戗柱共同包裹,同时柱子的柱顶石也隐藏其中;还有云月寺门前牌楼的梯形夹杆石（图3-6-6）。

戗柱则是牌楼建筑最常见的一种加固措施,即在牌楼建筑的每根柱子前后斜向各插入一根

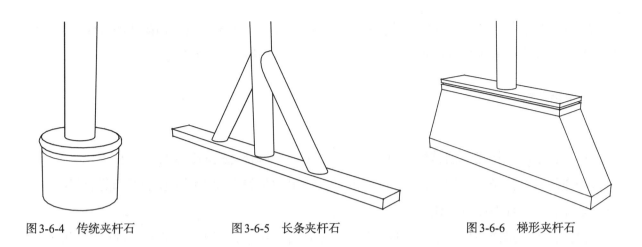

图3-6-4 传统夹杆石　　　　　图3-6-5 长条夹杆石　　　　　图3-6-6 梯形夹杆石

柱子，并在戗柱与正柱之间用上下两根串撑进行拉结（图3-6-7），而戗柱主要运用在四柱三间的牌楼类型中。通常情况下，每个戗柱的水平插入点一致，但也存在正楼两柱的戗柱插入点会比次楼戗柱的插入点要高的情况。除此之外，亦有在戗柱与正柱之间形成的三角形空间内砌砖封堵（图3-6-8），增强中柱与两侧戗柱之间的整体稳定性。

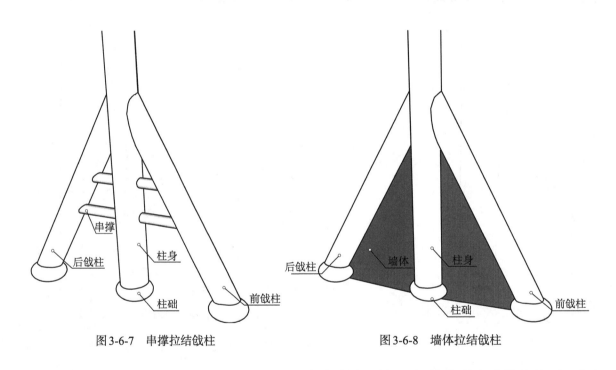

图3-6-7 串撑拉结戗柱　　　　　　　　图3-6-8 墙体拉结戗柱

除柱子下部的稳定措施之外，柱子上部的拉结构件则与兰州传统殿式建筑的柱子上部相似，同样会有檐枋、大抯等柱子之间的拉结构件。值得一提的是，在多开间牌楼中，为体现正楼与次楼的差别，在牌楼的正楼部分，其柱子上部的拉结构件相较于次楼部分普遍多了一些拉结构件，诸如木板、牌匾等（图3-6-9）。

（2）檐下部分

单排柱列牌楼建筑的屋顶一般有悬山和歇山两种形式，在多开间的牌楼建筑中，正楼的屋顶形式一定不能低于次楼的等级，即正楼为悬山时，次楼只能为悬山；正楼为歇山时，次楼可

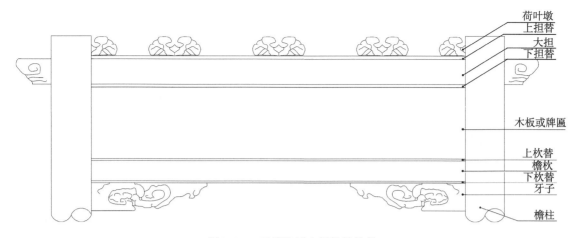

图3-6-9　正楼柱子上部拉结构件

荷叶墩
上担替
大担
下担替

木板或牌匾

上枋替
檐枋
下枋替
牙子

檐柱

图3-6-10　五泉山入口牌楼

以为悬山或歇山（图3-6-10）。除此之外，因为单排柱列的缘故，为增加上部木构的稳定性和整体性，牌楼柱子顶端做出一根长榫高高地伸出柱头之外，这个榫与柱子为一根整木，断面呈正方形，它占据角科坐斗位置，下端代替坐斗，向上一直延伸至正心桁下皮，并在顶端做出桁椀承托脊檩。

　　由于兰州地区牌楼建筑的斗栱主要有彩和栱子两种形式，施加彩时考虑到装饰性和稳定性的因素，一般都采用稍大体量的多跳数彩。并且施加不同形式的斗栱时，檐下部分的构造会略有差异。

　　彩作为兰州地区具有特色的斗栱，由栱子和担子组成，立于平枋之上，在上跳栱子之上置云头梁用以承托前后两面的子桁，彩与彩之间用横向条枋拉结，在正楼与次楼连接的部分常施加半截子栱。在有些施加彩的牌楼建筑中会使用大挺钩辅助提升牌楼建筑结构的稳定，大挺钩

图3-6-11 牌楼建筑中的大挺钩

上部支顶子桁，正楼前后各四根，次楼前后各两根（图3-6-11）。

　　栱子与彩一样，同样立于平枋之上，但无坐斗，其一步栱子直接坐在平枋之上。栱子之上依次施加挑木、随梁和梁。较为特殊的是挑木与其上部的梁向左右两侧延伸，与垂柱做透榫连接。次楼垂柱上部与子桁连接，支撑子桁及上部构件；正楼垂柱与上部平枋连接。垂柱之间同样施加枋、担、荷叶墩等拉结支撑构件（图3-6-12）。

图3-6-12 牌楼前后作垂柱

2. 双排柱列

　　双排柱列的牌楼建筑在兰州地区较为常见，其在构造做法上与兰州传统建筑没有太大差别，只是其进深减小，只有前后两排柱子，一般为进深四步架。当牌楼整体体量比较大时，会在次楼再施加一根破间柱子以增强牌楼建筑整体的稳定性，如白塔山二台牌楼（图3-6-13）。

　　双排柱列的牌楼建筑同样会有施加彩和栱子的差别。施加彩时，在其正楼的彩尤为庞大，其起跳数基本都在四跳以上，这样更能够增强牌楼建筑的装饰性以及渲染主体建筑的气势。当施加栱子时，其一步栱子的位置与传统建筑栱子的位置一样，无坐斗，与平枋之间做穿插连

丝路甘肃建筑遗产研究：兰州传统建筑木作营造技术

| 图3-6-13　白塔山二台牌楼 | 图3-6-14　五泉山青云梯牌楼 |

接。除此之外，施加栱子时也会有在正楼施加垂柱的做法，如五泉山青云梯牌楼（图3-6-14）。

二、戏台建筑

戏台作为戏剧展演的一种建筑类型，其出现、发展、成熟的过程与戏剧本身有着密不可分的联系。中国戏剧在唐代已初具雏形，在宋代正式确立，同时也形成了专门化的演剧场所——勾栏，但此时的戏台多为露天的露台或舞亭。直到元代戏台建筑的发展逐渐成熟，前后台的建筑形式已经非常普遍。在明清时期则开始出现区分前后场的一面观、两面观和三面观的戏台。至此，中国戏台建筑发展至鼎盛阶段。

兰州地区戏台建筑主要作为休闲娱乐场所，多与观庙建筑相伴，这也体现了戏台从酬神到娱人的世俗化发展过程。戏台不仅具有提供演出场所的功用，而且还有较高的观赏价值，因此建筑通常都较为华丽，具有很强的装饰性。从这个角度而言，戏台建筑具有与牌楼建筑类似渲染主体建筑的特征。戏台建筑处于整个建筑群靠前的位置，在建筑群中基本都和其他建筑相依托而建，戏台正面向里，将相依托的建筑作为戏台的后台，具备储存道具、演员化妆等功能。因此，根据戏台的不同功能位置关系及屋顶的组合形式有如下分类（表3-6-2）：

表3-6-2　戏台建筑分类表

建筑形式	屋顶组合	典型案例
前台后殿	歇山与歇山的组合 戏台左右抱厦	青城二龙山戏台

建筑形式	屋顶组合	典型案例
前门后台	歇山与歇山的组合 戏台左右抱厦	 青城古镇戏台
	歇山与歇山的组合	兰州白云观戏台

戏台为前台后殿时，演出空间与后台空间由柱子与屋顶分隔为相对独立的两个空间。演出部分只有前后两列檐柱的歇山顶建筑，并且依托建筑的檐柱与戏台的里侧檐柱合用，其余屋架基本构造与歇山顶的殿式建筑相同。而就屋顶形式而言，前台部分的屋顶多为歇山顶，而依托的建筑则多为悬山或歇山，两个屋顶通常是勾连搭形式。

不论上述哪种戏台形式，为了更好地观赏表演，一般都会将表演舞台抬升，底层架空处理。当戏台依托于山门而建时，由于山门的入口功能，架空高度基本在2m左右，可供行人通过。当依托于殿式建筑时，底层仅做架空抬升，不作通行。架空部分除檐柱落地以外，还增加底层短柱承托楼板。底层柱子之间通过梁、枋等构件进行拉结，有时会做双层枋的结构来增强柱子之间的稳定性，上下枋之间用荷叶墩支撑。

戏台在表演空间上除了主要的演出空间外，还会增加附属空间，主要用于奏乐人员的演奏场地。附属空间以延伸两侧楼板或增加开间的形式达成。延伸楼板的使用垂柱或者短柱直接落地，伸出的楼板部分之上施加栏杆防止坠落。增加开间通常根据需要增加一间或半间，并做槅扇或窗户等形式遮挡起来。

三、游廊建筑

（一）形式分类

游廊作为中国传统建筑中的一种联系性建筑类型，是古建筑组群不可或缺的重要组成部分，无论是民居、府邸，抑或者是寺庙、园林中都可见其身影。尤其在园林中，其运用最为广泛，为游人提供了停留、休憩、观赏之所，同时又起到划分园区、增加景深、营造空间变化以及引导观赏路线的多重作用。

兰州地区现存游廊主要出现于园林景区之中，在庞大的景区空间中，游廊的存在不仅为其增添园林意境的趣味性和游人观赏的便捷性，同时更重要的是它引导人随着游廊的起伏曲折、上下回转而行走其中，可以充分体会园区的奥妙之处。游廊本身在其构造上并不复杂，但形式却多种多样，其可长可短、可直可曲、随形而弯、依势而曲，从而造成游廊建筑造型上的起伏曲折、上下转折的特点。因此，根据其平面形态，兰州地区游廊可分为直廊、曲廊、水廊和爬山廊。而从立面形态上看，游廊又可分为透空式、半透空式、里外式以及楼层式，兰州地区游廊多为透空式游廊；从其屋顶形式上看，有卷棚顶和尖山顶，卷棚顶主要是卷棚歇山和卷棚悬山两种。根据游廊平面形态及屋顶形式将兰州地区的游廊进行如下分类（图3-6-15）。

（二）构造做法

游廊构造相对其他建筑形式来说较为简单，分为基础、廊身和屋顶三部分。基础即台明部分大致与檐口对齐。在一些特殊地形的情况下会有所变化，爬山廊的地基会有一定的斜度，中间作为梯段供人上下。由于基础存在斜度，柱顶石底部也做斜角处理，开间方向上的构件也做

a. 歇山顶直廊

b. 歇山顶曲廊

c. 水廊

图3-6-15　兰州地区游廊形式分类

d. 爬山廊   e. 悬山顶直廊

图3-6-15 （续）

倾斜处理；水廊基础则由若干个水中支撑柱承接，并在外围两侧施以石质勾栏以防游人落水。廊身与屋顶的构造便具有一定程度上的对应性，即在随着游廊的建筑空间产生变化时，其构造也会相应地改变来适应空间的变化。因此，以下将从游廊的中段、尽端及转角三个部分对其构造做法进行详细说明。

1. 中段构造

游廊在中段的构造做法主要取决于中段所采用的屋顶形式，而兰州地区游廊中段屋顶主要分为卷棚式和尖山式两类。在卷棚式游廊中（图3-6-16），其开间方向由下至上依次有牙子、大担、荷叶墩、大小平枋和栱子。进深方向的四架梁搭接于大平枋之上，下设随梁增加结构的整体稳定性，上设双挂柱用以承担卷棚梁（官式称月梁）。双挂柱下部施加角背增强稳定性，卷棚梁上承双脊檩用以搭接罗锅椽。

尖山式游廊（图3-6-17）的梁架结构主要运用在具有大转角的曲廊之中。结构上由三架梁承担上部荷载，其上立挂柱，挂柱之上施加脊檩，也正是因为这种构造使得尖山式的梁架结构在大角度转角时具有良好的适应性。

图3-6-16　卷棚式中段构造   图3-6-17　尖山式中段构造

2. 尽端构造

尽端构造的差别主要是根据游廊所施加的屋顶形式不同而造成的。施加悬山顶时，其尽端构造与中段构造并无不同（图3-6-18）。施加歇山顶时，尽端构造与歇山建筑相同，只是进深相对减少了很多（图3-6-19）。具体做法为：两根斜梁各自搭在两个角部的大平枋之上，斜梁之上依次为云头梁、底角梁、大角梁和大飞头等构件，两个翼角部分的云头梁与大角梁各自搭交在内外两侧的挂柱之上。

图3-6-18　悬山顶尽端构造　　　　　　　　　　　　　　　图3-6-19　歇山顶尽端构造

3. 转角构造

　　游廊转角处除了利用自身构造变化进行转角外，也经常在转角处设置亭子进行空间上的过渡处理，以此引起空间形态上的变化，避免视线的单一疲劳（图3-6-20），尤其在爬山廊中，转角处多使用较为复杂的重檐亭来过渡处理（图3-6-21）。而当游廊利用自身变化转角时，则会根据不同的屋顶而产生不一样的构造。当其屋顶形式为尖山式时，与中段和尽端的构造基本相同。而当其屋顶为卷棚式时，其在转角处的构造则与中段和尽端存在很大的差别。同时，卷棚式的屋顶在转角处也会有卷棚歇山顶和卷棚悬山顶之别。

　　（1）卷棚悬山顶

　　当游廊施加卷棚悬山顶时，在其转角处于大担之上施加一根成45°对角的斜梁，与正桁相交。斜梁通过双挂柱承担45°方向的卷棚梁，开间和进深两个方向上的内外侧脊檩相互搭交并落于卷棚梁之上。除此之外，内转角和外转角同时从正桁起至双脊檩为止施加由戗，方便转角处的椽子搭接（图3-6-22）。

　　（2）卷棚歇山顶

　　卷棚歇山顶转角处的翼角部分构造都是利用斜梁、垂柱、云头梁、底角梁、大角梁等构件相互配合搭交而成，只是在转角处两个方向上的双脊檩在搭交方式上有些特殊。在大转角一侧，两个方向的脊檩搭交在垂柱之上，但因垂柱以里无承接构件，因此只得将进深方向的内侧脊檩搭接于开间方向上的外侧脊檩之上，而开间方向的内侧脊檩搭接于进深方向的内侧脊檩之上（图3-6-23）。

图 3-6-20　直廊的转角处理

图 3-6-21　爬山廊的转角处理

图 3-6-22　卷棚悬山顶的转角处构造

图 3-6-23　卷棚歇山顶的转角处构造

第四章　栱子及彩形式与构造技术

第一节　斗栱的发展与演变

斗栱作为中国传统建筑体系中最具有代表性的建筑构件，立于梁檩与立柱之间，减少剪应力，起承上启下的过渡作用。斗栱用于承托屋檐，随着斗栱层层出跳，出檐更加深远，通过纵横构件以及斗升构件组成的结构层，起到防震作用，同时随着斗栱的发展逐渐被赋予了礼制意义[①]。

在中国传统建筑发展演变的数千年中，斗栱同样经历了一个漫长的发展历程。根据现有的研究表明：斗栱最早见于西周的青铜器上，令簋的四足为方形短柱，柱上置栌斗，并于两柱之间，在栌斗斗口内施横枋，枋上置二方块，类似散斗，与栌斗一起承载上部版形的座子[②]。现今已经定型且成熟的斗栱体系，由早期建筑物中的不同构件演化而来。根据杨鸿勋先生的研究表明：纵向构件华栱源自早期支撑屋檐的擎檐柱，从落地斜撑、腰撑、曲撑、栾最终发展为插栱，横栱起初为一种弯曲的替木，即曲枅[③]。《说文》中："枅，柱上横木承栋者，横之似笄也"。商周时期的大叉手屋架逐渐发展而成昂。宋及以前的昂为真昂，下至斗栱外端，上承托中平槫，起杠杆作用。斗栱发展至明清时期，其结构作用减轻，装饰作用加强，昂褪变为装饰构件。插栱与横栱的组合使用最迟发生在战国时期。现斗栱体系均是成组使用，并形成了定型化和模式化的形式（图4-1-1）。

伴随着中国传统建筑体系的不断完善发展，地方性传统建筑发展出不同于官式建筑的特征与做法。源自于工匠对当地自然、人文以及经济等复合环境特征的回应，所形成的地域性营造技艺。斗栱作为传统建筑中关键性构件，也融入了强烈的地域性因素。兰州地区现存的传统建筑实例主要是明清至今，为便于理解兰州地区斗栱的类型特征、基本构造和组合规律，将清官式和兰州地区中与斗栱相关的释名进行对照汇总成表。同时选取兰州地区八角单彩进行构件拆解，直观地了解构件所处位置及特征（表4-1-1；图4-1-2）：

①　梁思成. 梁思成文集（二）[M]. 北京：中国建筑工业出版社，1982：302.

②　潘德华，潘叶祥著. 斗栱（上）简体版[M]. 南京：东南大学出版社，2017.

③　杨鸿勋. 斗栱起源考察——1980年全国科学技术史学术会议论文[C]//建筑历史与理论（第二辑）. 1981.

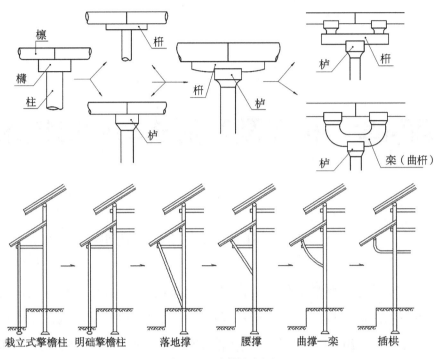

图 4-1-1　斗栱演变图

（引自杨鸿勋. 斗栱起源考察——1980年全国科学技术史学术会议论文［A］. 中国建筑学会建筑历史
学术委员会. 建筑历史与理论（第二辑）［M］. 中国建筑学会建筑史学分会，1982.）

表 4-1-1　兰州地区和清官式斗栱释名对照表

清官式	兰州地区	备注
斗栱	彩/栱子	
柱头科	单彩	
平身科	单彩、破间彩	
角科	角彩、蛤蟆彩	
坐斗、大斗	大斗	兰州地区大斗，形式有四边形、菱形、六边形
攒	朵	
翘	栱子	兰州地区栱子有两种含义：①不设担子的简单的斗栱形式；②作为斗栱中出跳构件，类似于翘部分的构架，起承重子桁作用
昂	狼牙	兰州地区由于建筑等级不够，出昂情况较少，狼牙根据出昂长短有做法上的差异
横栱	担子	兰州地区担子有两种含义：①专指一斗两升的简单斗栱形式；②与栱子相交的构件，起拉结条枋作用
斗耳	雄头	
出一跳	出一步	
三才升	升、升升子	小斗称为升，担子上的升和栱子上的升在实际做法上有所不同
十八斗		
槽升子		

清官式	兰州地区	备注
隔架科		隔架科设有六角蛤蟆彩和方格彩
	云头	类似于清官式的耍头
	托彩栱子	兰州斗栱特有构件，位于云头之上，承托云头梁，类似清官式撑头木
	云头梁	类似于挑尖梁，在破间的位置是一种假梁头，可作为撑头木和桁椀的功能
	挑桄	兰州斗栱特有构件，置于破间彩的最上一层，端部承托正桁，尾部向内挑起最下层的牵，类似于平置的挑斡
	正桁板	处于正心位置的花板
	天罗伞	兰州地区亭子上的特色斗栱类型，多见有六角、八角、十角等
	蜂窝	兰州地区牌楼上多层破角斗栱和天罗伞均称作蜂窝

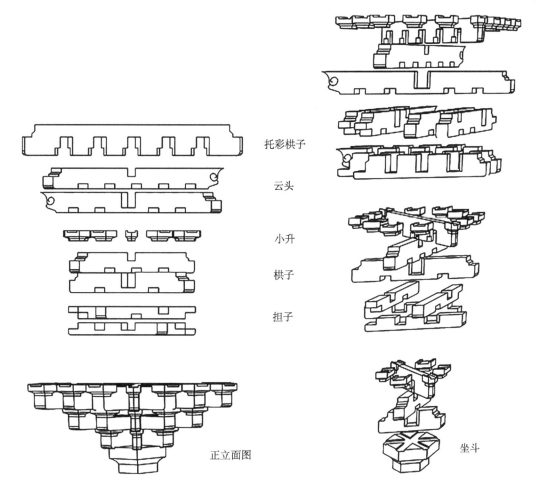

托彩栱子

云头

小升

栱子

担子

正立面图

坐斗

图4-1-2 斗栱构造示意图

斗栱在兰州地区经历了一个渐进且不同于官式建筑的演变过程，早期形制接近官式斗栱形式，其后在构件形式、搭接次序、整体比例等方面发生变化。斗、栱子、担子向异形发展，整体构图比例变得高挑、玲珑，斗栱之间利用花板拉结，花板上刻以梅兰竹菊等纹样。根据兰州地区斗栱形制特征的差异，将斗栱演变过程分为三个阶段（图4-1-3）：

明中期及以前：官式建筑制约期。斗栱主要有两种形式，一种是仅设有栱子和云头构件的

丝路甘肃建筑遗产研究：兰州传统建筑木作营造技术

明早期

明嘉靖

明隆庆

清道光

清咸丰

建国后

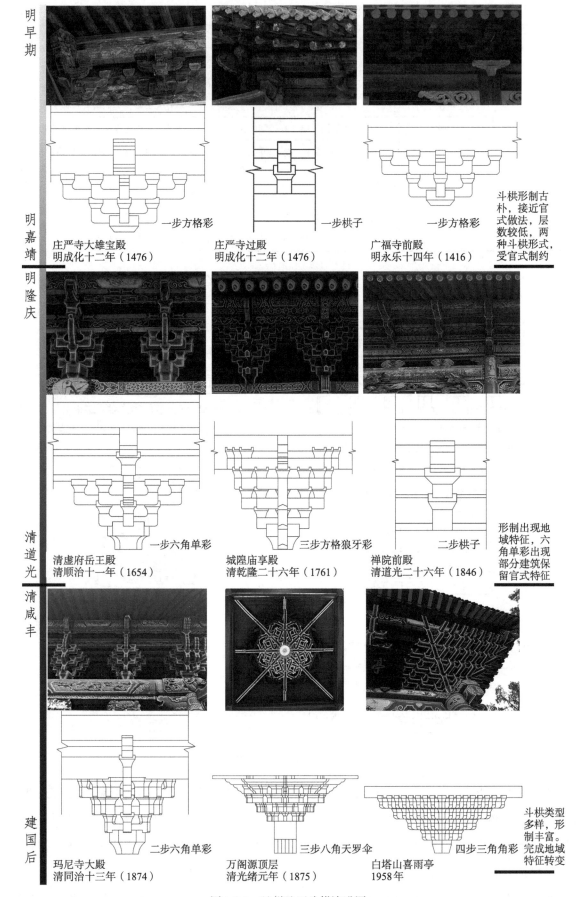

一步方格彩

庄严寺大雄宝殿
明成化十二年（1476）

一步栱子

庄严寺过殿
明成化十二年（1476）

一步方格彩

广福寺前殿
明永乐十四年（1416）

斗栱形制古朴，接近官式做法，层数较低，两种斗栱形式，受官式制约

一步六角单彩

清虚府岳王殿
清顺治十一年（1654）

三步方格狼牙彩

城隍庙享殿
清乾隆二十六年（1761）

二步栱子

禅院前殿
清道光二十六年（1846）

形制出现地域特征，六角单彩出现部分建筑保留官式特征

二步六角单彩

玛尼寺大殿
清同治十三年（1874）

三步八角天罗伞

万阁源顶层
清光绪元年（1875）

四步三角角彩

白塔山喜雨亭
1958年

斗栱类型多样，形制丰富。完成地域特征转变

图4-1-3 兰州地区斗栱演进图

简易斗栱，如庄严寺过殿和五佛殿，檐枋上不设坐斗，直接安装栱子，栱子上承托云头，云头上托檐檩；另一种是结构完整，形制古朴的完整型斗栱，如庄严寺大雄宝殿、广福寺中殿，均为矩形坐斗，上出两跳，庄严寺大雄宝殿部分斗栱设有下昂。

明末至清中期：地域特征萌芽期。斗栱在继承前期斗栱形式的基础上，发生了形制上的转变，其中五泉山清虚府岳王殿的坐斗平面形式为六边形，相应的小斗形式也发生了转变，这种形式称为六角单彩。同时，彩上设托彩栱子、云头梁和挑桃等构件，整体构图协调完整，横栱两端进行斜杀处理。而清虚府禅院前殿则为二步栱子形式，重栱上设云头，栱子直接搁置在荷叶墩上。

清晚期至中华人民共和国成立后：地域特征成熟期。斗栱形式在此阶段完成了地域化的确立，在继承前期斗栱地域特征的基础上，更加重视对于檐下的装饰作用，花板代替横栱，花板的雕刻纹样也更加丰富。同时天罗伞成为攒尖类建筑中重要的装饰构件，始建于清光绪元年的万源阁和建于民国八年的漪澜亭中均有使用。此外，还出现三角角彩的斗栱形式，建于1958年的白塔山东风亭和喜雨亭，在20世纪80年代，浚源寺大雄宝殿在修缮过程中其前廊部分增设的"隔架科"均为三角角彩。此时六角单彩、破角方格彩、蜂窝儿、天罗伞、三角角彩和两路斗栱等斗栱样式做法已经十分成熟、配置合理、形制统一，俨然形成了一种区域性的斗栱营造体系。

第二节 斗栱类型及特征

斗栱在传统木构建筑体系中，相对独立且代表传统建筑的主要特征，兰州地区斗栱设计、画线均由木匠掌尺完成，充分反映了斗栱构件在当地木作体系当中的重要性。

官式建筑体系当中按施用位置分为外檐斗栱和内檐斗栱，兰州地区的斗栱则较少使用内檐斗栱，仅根据形制分为"栱子和彩"。"彩"，又根据施用位置分为单彩和角彩，同时依据坐斗的形制及仰视图构成的角度细分出彩的种类，如方格彩、三角角彩、六角单彩等。

一、栱子

在兰州传统建筑运用最多的斗栱形式就是栱子[①]，栱子省略坐斗和横栱，主要由栱子[②]和云头梁组成，栱子出一跳则为一步，出两步，则为二步栱子。栱子形式类似于清官式中仅作偷心造的做法。较为成熟且应用较广的栱子，即直接搁置在荷叶墩上，荷叶墩代替坐斗，为增强建筑整体的稳定性，平枋穿过栱子，将栱子串接，云头梁之间则是以花板牙子连接，上承压条，将檐下结构连接成一个类似于圈梁结构。花板上刻以形式多样，精巧华丽的纹样，从而丰富檐

---

① 此处，栱子为斗栱形式。
② 此处，栱子指斗栱中的构件。

下结构样式，形成华丽精巧且具有浓厚地方特色的建筑风格。兰州地区早期的建筑中存在着栱子直接搁置于大担上，平枋压在栱子上，云头梁上直接承托子桁，建筑风格较为古朴。兰州栱子与周边临近地区河州（临夏地区）的"苗檩花牵"和河西的"花板代栱"结构大同小异，尤其"花板代栱"与兰州栱子更是异曲同工，二者之间的横向构件均由雕刻花板所代替，雕刻纹样也具有相似性。不同之处在于"花板代栱"栱板构件之间的尺寸差异较小，兰州栱子的材厚远大于花板厚；且河西地区花板层数可达六层，兰州地区以两层栱子为限。处于建筑转角处的栱子，具有转折、挑檐、承重等多种功能，将来自两个方向的栱子以90°（根据建筑平面柱网的角度）搭交在一起，同时与沿角平分线挑出斜栱搭接在一起，形似鸡爪子，故得名鸡爪子栱子（图4-2-1）。

| a. 二步栱子 | b. 鸡爪子栱子 | c. 二步栱子 |
| d. 二步栱子 | e. 一步栱子 | f. 带坐斗的一步栱子 |

图4-2-1 兰州地区典型栱子示意图

二、彩

彩是兰州斗栱中等级最高的一种，主要应用于殿式建筑、亭类建筑、门楼、牌坊等规格较高的建筑中。彩在结构功能上与明清官式斗栱一致，但在构造做法上二者差异性很大，主要表现在构件形式、结构关系、用材制度等方面。通常在平板枋上置大斗，大斗之上置横向的担子，再出纵向的栱子，层层出跳，栱子最上部置云头叠压，虽然该构件没有明显的出跳，但实际上起到栱子的作用，增加了彩的高度，固定部分条枋。在云头上又置托彩栱子，类似清式建筑中的耍头；托彩栱子上搁置云头梁，主要用于稳固花板和条枋，起到撑头木的作用。由于兰州的建筑等级规格不够高，较少出昂，所以里拽、外拽会使用相同的栱子形式，类似"品字科"斗栱，如一步单彩、二步单彩等。斗栱的搭设称为摆彩，摆彩可分为单彩和角彩。彩的名称是根据出跳的栱子层数，出跳几层便称作几步彩。同样是为了增加檐口高度，彩之上增设托彩栱子、云头梁、挑桄等纵向构件，而河州地区则通过增加斗栱的出跳层数达到效果，所以从结构性和功能性上来说，兰州的彩更为稳重；而从装饰性上来说，河州的彩趋于灵动活泼。

（一）单彩

"单彩"即柱间和柱头位置的彩，位于柱间位置的称"破间彩"，其主要平面形式常见有四角方格单彩（图4-2-2，b）和六角单彩（图4-2-2，a），根据匠人图档记录还存在着八角单彩的做法，但未见实例。需要说明的是，不论单彩还是后文提到的角彩，其平面形制（仰视图）均为菱形[①]，单彩是依据大斗的不同平面形态命名，如四角的方格单彩，六角单彩等。单彩除了在柱间、柱头位置施用外，在硬山和悬山建筑中的转角处同样设置，且仅在檐面布设。四角方格彩多见于明中期及以前的建筑中，而明末以后常用六角单彩（图4-2-2）。

a. 一步六角单彩

b. 一步方格单彩

c. 两路栱子和二步六角单彩

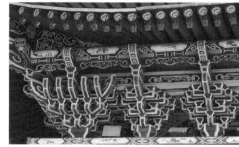

d. 二步六角单彩

e. 一步方格狼牙彩

图4-2-2　典型单彩示意图

（二）角彩

角彩，即在角部的斗栱，亦称作蛤蟆彩。歇山建筑的角部在檐面和山面都有施用，称作破角方格彩，多为二步破角方格彩；悬山、硬山仅在角部的檐面施用单彩，两山面和后檐面均不施斗栱；亭类和牌楼类建筑的角彩较为丰富，有三角角彩、五角角彩、破角角彩等。不论哪种角彩，始终保持菱形平面是前提，而且角数越多，斗栱平面对外角度数越小[②]（图4-2-3，d）。

还有一类形态比较特殊的斗栱形式，一种称作天罗伞，类似于藻井斗栱，用于攒尖类建筑雷公柱下。这种斗栱在水平层上主要由纵、横及斜向构件拉结构成，形成结构紧密的网格状水平构件单元层，在垂直方向上则是水平单元层根据各自的算法规律，由下至上不断放大重复。

---

① 组合形式除外，如六角方格角彩。

② 这个角度是角彩对应的正多边形的中心角。如五角角彩，对应的正五边形的中心角是72°，72°就是该五角角彩对外的菱形平面的角度。详细算法见本章第四节"斜法基因"。

天罗伞的平面形态通常根据需求由平面角数而定，或者由水平层面需要的栱子数决定，常见有三角、六角、八角和十角等。这种紧密的构造方式通过有规律的构件单元重复和放大，将各构件结合成一个牢固的、结构性的、富有装饰性的立体结构体系，最终呈现一种网络的效果。还有一种称作蜂窝、一窝蜂或蜂心窝，牌楼建筑中常用，是将单彩和角彩多级出跳、叠加、放大，从而连成一体呈蜂窝状，这种斗栱确切地说是多层破角方格彩的异化形式（图4-2-3）。

a. 二步破角方格彩　　　　　　b. 三步破角方格狼牙彩　　　　　　c. 三角角彩

d. 六步破角方格彩（蜂窝）　　e. 破角方格彩仰视图　　f. 天罗伞　　g. 方格角彩

图4-2-3　典型角彩示意图

根据已有建筑实例以及匠师设计图档，将兰州地区常见的斗栱的种类以及适用建筑整理如下（表4-2-1）。

表4-2-1　兰州地区斗栱种类与功能表

种类	名称	设置位置及功用	建筑实例
栱子	一步栱子	用于檐下，沟通檐牵与桁的构件，隔架作用。应用建筑类型广泛	白塔山云月寺大殿、白塔山三宫殿东西侧殿、白塔山百花厅、白云观三清殿、庄严寺前殿和后殿、浚源寺东西配殿和钟鼓楼、万源阁思源楼、九仙祠一号、太昊宫-伏羲殿、猛醒亭、玛尼寺东配殿和宫楼大殿、清虚府北殿、地藏寺门楼畅楼北侧廊、金天观老子殿、周家祠堂前殿、雷祖庙
	带斗的一步栱子	用于檐下，沟通檐枋和子桁的构件	白塔寺准提殿
	二步栱子	用于殿式建筑、牌楼、亭、戏台等杂类建筑。沟通平枋和子桁之间的构件	白塔山二台东西八角亭、白塔山三星殿大殿、白云观钟鼓楼、白云观玉皇殿、五泉山乐到名山、浚源寺大雄宝殿、五泉山中山纪念堂、青云梯牌楼、大悲殿、武侯祠、玛尼寺观音殿和大殿、卧佛寺西门楼东西殿北殿、三教洞、金天观慈母宫、三圣庙戏台
	带斗的二步栱子	用于殿式建筑	兰州城隍庙后殿两侧厢房
	三步栱子	实例较少	九仙祠一号
抇子	一步抇子	实例较少	
	带斗的一步抇子		白塔寺准提殿

丝路甘肃建筑遗产研究：兰州传统建筑木作营造技术

种类	名称	设置位置及功用	建筑实例
单彩	一步方格单彩	殿式建筑，隔架、挑檐、承重作用	法雨寺罗汉殿、万源阁、金天观北门文昌宫
	二步方格单彩	同上	城隍庙中殿、庄严寺中殿、太清宫
	三步方格彩	实例较少	玉佛寺
	一步六角单彩	殿式建筑、戏台应用最多，作用同上	白塔山二台东、西复合亭、三宫殿摸子洞殿、白云观戏台祖师、清虚府南祠、地藏寺角楼、卧佛寺中殿三圣庙献殿、谈家祠堂、岳氏纪念堂、周家祠堂后殿
	二步六角单彩	殿式建筑、亭类建筑，作用同上	白塔山一台大殿、三台玉皇殿、东风亭、喜雨亭、浚源寺大雄宝殿、玛尼寺正殿牌楼、金天观东西八卦亭三公祠、周家祠堂后殿、龙王庙、文殊院
	二步狼牙彩	规格较高的殿式建筑，作用同上	法雨寺门楼西殿、城隍庙前后钟鼓楼、庄严寺中殿
	三步狼牙彩	规格较高的殿式建筑	法雨寺大雄宝殿
	八角单彩	未见实例	
角彩	一步方格角彩	殿式建筑	广福寺
	破角方格格彩	用于牌坊、殿式建筑转角部位	二台牌楼、三星殿牌坊
	二步方格角彩	殿式建筑，应用最广	白塔山一台大殿、三台玉皇殿、文殊院
	三步方格角彩	牌坊、牌楼	龙王庙
	四步方格角彩	牌坊、牌楼	
	二步破角狼牙彩	殿式建筑	庄严寺中殿
	二步六角角彩	殿式建筑	白云观祖师大殿
	五角角彩	亭类建筑，隔架	五泉山
	天罗伞	亭类建筑，装饰作用	兴隆山六角亭、五泉山桥边亭
	五步蜂心窝		城隍庙牌坊
	两路斗栱	牌楼	千佛阁小牌坊、史家祠堂牌坊

三、构件特征

兰州栱子和彩通常由栱子、担子、云头、托彩栱子、破间云头、云头梁和升等组成，栱子、担子只有统称没有个称，如要区别则栱子以出跳的步数，担子以所置的层数加以甄别。这些构件及构件间的组合有着明显的规律性和地方特征，将在后文详细论述。

（一）斗的形式

斗有大斗和小升两种形式，大斗也即坐斗，平面常见有矩形、六边形和菱形，高宽没有固定的模数值，而且数值变化较大。

小升即为小斗，相较于清官式的十八斗、槽升子、三才升的明确称谓，兰州的小升仅以担子小升和栱子小升加以区别，但事实上也有三种形式。栱子小升在功能与位置上与十八斗相似，承托纵横两个方向的构件，开十字形卯口；担子小升位于正心部位的由于要与大斗保持一致，所以往往有五角、六角等形式，并开顺身口；其余担子上的升多为菱形，亦开顺身口。小升高为栱、担构件高度的二分之一，斗底部分仅作斜平面，不做𩑛面，斜面收分为总宽的六分之一（图4-2-4）。

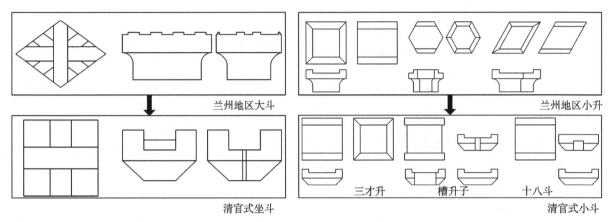

图4-2-4　大斗和小升比较图（图源：自绘）

（二）类翘构件的形式

类翘构件即出挑方向的构件，有四类：第一类——栱子，功能与清式翘类似，栱子或彩的第一步出跳，栱长根据建筑开间规模进行划定，两端置小升一件，栱中刻盖口卯，十字扣在正心担子上，材栔连做；第二类——狼牙，类似昂，由于兰州建筑的等级较低，所以使用较少。常规做法昂头向下斜，端头回卷，昂身平置，昂后端作栱头，昂身作盖口卯；第三类——云头，类似清式蚂蚱头，云头上不设栱子小升，下端开口与担子十字相交，首尾两端刻云纹，仅下端设榫卯口；第四类——托彩栱子、破间云头、挑桃，这是一类组合构件，类似清式撑头木，往往置于斗栱的上部，共同承担起桁椀及上部荷载。托彩栱子一般位于组合的下层时，前后设小升，底部开刻口，拉结条枋及牙子，置于破间时承托破间云头，置于柱头时则承载云头梁，云头梁类似清式挑尖梁。破间云头首尾两端作云纹和汉文，上托子桁，其榫卯设牙子及条枋分位。破间云头上设挑桃，挑桃前端置于挑檐桁下，后端置于拱棚檩或金檩下。托彩栱子、破间云头、挑桃组合三件同时共同承担起子桁和正桁，同时抬高了斗栱的整体高度（图4-2-5）。

（三）担子的形式

担子即横栱，因像扁担的功能，故得其名。每层的担子长度不一，通常正心位置最长，最外侧最短，担身不设刻口。担子端部两侧会做切角，呈尖角形，正心位置担子的切角相对较小；担子底端做圆弧卷杀，没有固定的规律比例，因匠人的习惯而异（图4-2-6）。

综上所述，兰州的斗栱构件与清式斗栱有很大的差异性，构件做法更加简单直接，并融合河州工艺、河西工艺的相应特点，从而表现出多元化的特征。

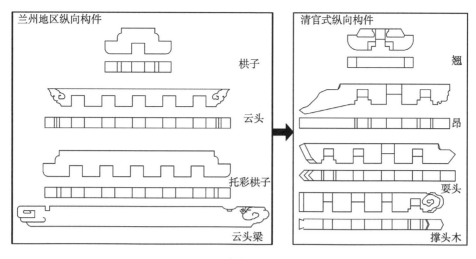

图 4-2-5　类翘构件比较图

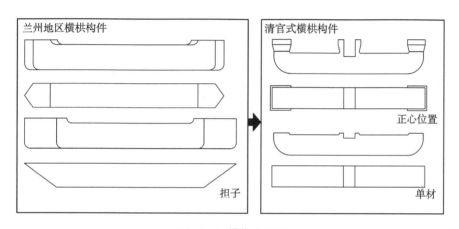

图 4-2-6　横栱比较图

第三节　斗栱配置规律与基本构造

一、配置规律

栱子和彩这两种斗栱形式在建筑上会有不同的规律组合，而且还会根据建筑的不同类型而有所差异，等级高的建筑四周檐下都会配有斗栱，等级低的建筑仅前檐有斗栱。亭类建筑因功能的特殊性会在檐部都配有斗栱。

（一）歇山建筑

歇山顶主要用于等级和规格较高的建筑中，常见斗栱的配置规律如下：①建筑的前、后檐及两山面均设斗栱，且前、后檐斗栱形制相同，但个别建筑也存在差异，如五泉山玛尼寺大殿前檐设二步六角单彩，而后檐则设二步栱子；②山面斗栱的形制配置较为灵活，彩和栱子可以同时出现；③斗栱形制的配用和数量会根据建筑功能、规格、经济等相关因素进行调整，如攒当坐中时，明间设破间斗栱两攒，而梢间仅设一攒。当选用彩时，主要以六角单彩和破角方格彩为主（图4-3-1）。

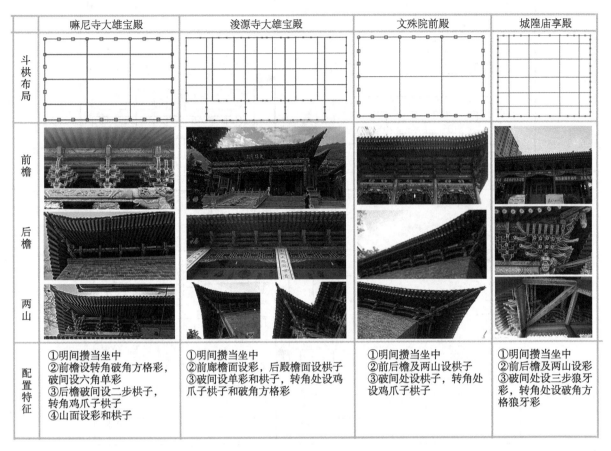

	嘛尼寺大雄宝殿	浚源寺大雄宝殿	文殊院前殿	城隍庙享殿
斗栱布局				
前檐				
后檐				
两山				
配置特征	①明间攒当坐中 ②前檐设转角破角方格彩，破间设六角单彩 ③后檐破间设二步栱子，转角鸡爪子栱子 ④山面设彩和栱子	①明间攒当坐中 ②前廊檐面设彩，后殿檐面设栱子 ③破间设单彩和栱子，转角处设鸡爪子栱子和破角方格彩	①明间攒当坐中 ②前后檐及两山设栱子 ③破间处设栱子，转角处设鸡爪子栱子	①明间攒当坐中 ②前后檐及两山设彩 ③破间处设三步狼牙彩，转角处设破角方格狼牙彩

图4-3-1　歇山建筑斗栱配置图

（二）硬山、悬山建筑

硬山、悬山建筑是兰州当地最为普遍的建筑类型，适用范围广、功能布局灵活。斗栱总体配置上仅在前檐设斗栱，后檐较少设斗栱，两山未设斗栱；斗栱形式多见栱子，无角彩，偶见单彩（图4-3-2）。

（三）攒尖类建筑（亭类建筑）

攒尖类建筑主要用于园林景观中，现存亭类建筑大多修建于20世纪六七十年代园林建设时期，因其建筑本身的特殊性，其斗栱的配用也以华丽精美著称，多用单彩、角彩和天罗伞，角彩的名称和建筑的平面有时会相一致，如白塔山上的三角亭——东风亭和喜雨亭，其角彩就是三角角彩。攒尖类建筑宝顶下有时用天罗伞，集中式的构造很具有视觉冲击力（图4-3-3）。

（四）牌楼式建筑

牌楼建筑具有纪念、标识、导向等作用，为了烘托气氛，装饰性很强。斗栱作为装饰的必备构件成为这类建筑的主角，方格彩、蜂窝彩，特有的两路斗栱都是惊艳之作。当然，斗栱也

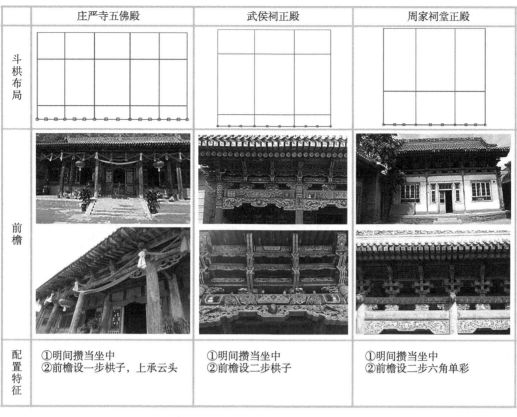

	庄严寺五佛殿	武侯祠正殿	周家祠堂正殿
斗栱布局			
前檐			
配置特征	①明间攒当坐中 ②前檐设一步栱子，上承云头	①明间攒当坐中 ②前檐设二步栱子	①明间攒当坐中 ②前檐设二步六角单彩

图4-3-2 硬山、悬山建筑斗栱配置图

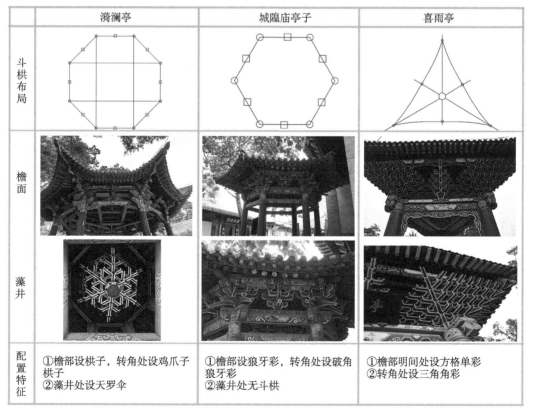

	漪澜亭	城隍庙亭子	喜雨亭
斗栱布局			
檐面			
藻井			
配置特征	①檐部设栱子，转角处设鸡爪子栱子 ②藻井处设天罗伞	①檐部设狼牙彩，转角处设破角狼牙彩 ②藻井处无斗栱	①檐部明间处设方格单彩 ②转角处设三角角彩

图4-3-3 攒尖类建筑斗栱配置图

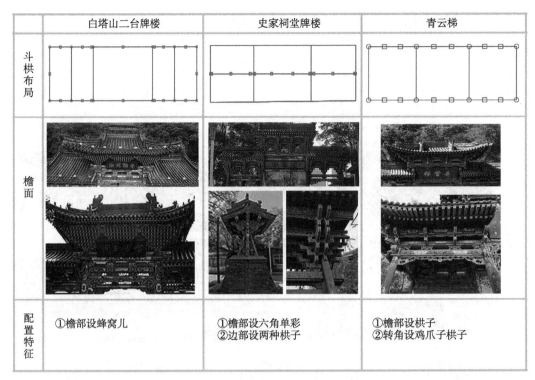

	白塔山二台牌楼	史家祠堂牌楼	青云梯
斗栱布局			
檐面			
配置特征	①檐部设蜂窝儿	①檐部设六角单彩 ②边部设两种栱子	①檐部设栱子 ②转角设鸡爪子栱子

图4-3-4　牌楼式建筑斗栱配置图

会根据建筑的规模、尺度、大小、特性而繁简有度（图4-3-4）。

综上所述，斗栱单元在配置上主要有以下两点规律：①总体布局：歇山建筑的前、后檐及两山均设斗栱；硬山、悬山建筑一般仅在前檐设斗栱，较少在后檐设有斗栱；凡设有斗栱的攒尖类建筑，其每一面均设有斗栱，且斗栱形制相同；牌楼式建筑中多在前、后檐设有斗栱。斗栱布局遵循明间"攒当坐中"的原则，少数攒尖类建筑除外。②斗栱的形制上：所有的建筑中均设有栱子和彩两种形式，二步栱子、六角单彩和破角方格彩最为常见。硬山和悬山建筑中不设有角彩，且多设栱子。歇山建筑中斗栱形制可以根据建筑规格调整；攒尖类建筑的天花中设有天罗伞，联结各部分构件。牌楼式建筑中设有多层破角方格彩，其边部设有两路斗栱（图4-3-5）。

二、斗栱基本构造

（一）栱子

栱子是兰州地区应用最为广泛的一种斗栱形式，主要由纵向出挑构件组成，横栱部分则是利用花板代替，整体结构简化，檐下形成一个类似于圈梁结构层。栱子出一跳为出一步，常见有一步栱子和二步栱子。栱子可以根据有无大斗分成两种形式。

不设大斗的栱子在兰州地区使用最多，以二步栱子为例，其基本构造为：第一层，设一步栱子一件，安装在荷叶墩上，为保证栱子位置不发生错动，平枋及替[①]穿栱身而过，遂将一步栱子分成前后两部分，栱子底部刻浅槽口卡在荷叶墩上。栱高在18～20cm之间，前、后栱长

---

① 替：兰州木匠写作"梯"，指随枋，起"替木"的作用，应作替。

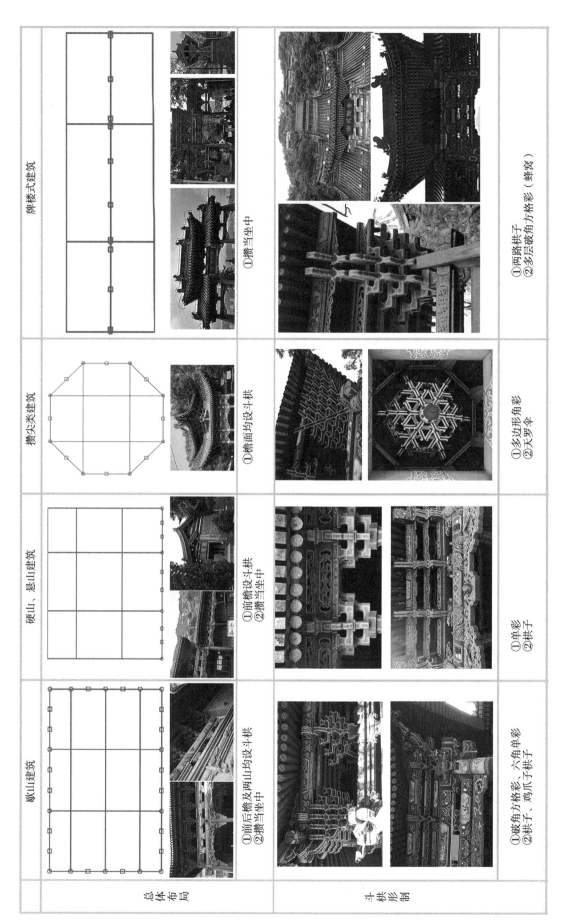

图 4-3-5　斗栱配置规律总结图（来源：自绘、自摄）

	歇山建筑	硬山、悬山建筑	攒尖类建筑	牌楼式建筑
总体布局				
斗栱形制	①前后檐及两山均设斗栱 ②攒当坐中	①前檐设斗栱 ②攒当坐中	①檐面均设斗栱	①攒当坐中
	①破角方格彩、六角单彩 ②栱子、鸡爪子栱子	①单彩 ②栱子	①多边形角彩 ②天罗伞	①两路栱子 ②多层破角方格彩（蜂窝）

第四章　棋子及彩形式与构造技术

根据建筑开间大小决定。一步拱子前、后两端各设开顺身口的小升一件。

第二层，设二步拱子一件，安装在一步拱子的小升上，连接花板牙子的地方刻深约为2cm的浅槽口，承托条枋处则刻通口。二步拱子的拱高与一步拱子相同，拱长多为一步拱子前拱长的二倍。

第三层，在二步拱子上设云头一件，云头承接条枋，其刻口与二步拱子一致。云头前端设刻口置子桁[①]，破间云头上设挑桄，用于承托正桁。云头首尾两端刻云纹和汉文，云头身长为二步拱子的1.25倍，云头高于拱子。柱头上的云头为云头梁，材广厚于平身处的云头材广。

有大斗的拱子实例较少，现仅见兰州城隍庙后殿厢房和榆中雷祖庙有此实例，大斗直接安装在平枋之上，底部刻极浅槽口，卡在平枋上，防止拱子发生错动。大斗上开十字形刻口，用于安装拱子和花板。拱身开刻口的规律与其他类型拱子一致（图4-3-6）。

（二）单彩

（1）六角单彩基本构造规律

单彩中六角单彩的施用频率最高。六角单彩用材较小，担子左右挑出的长度较小，结构紧密，受力更为集中。整体结构形象精巧细致。以二步六角单彩为例，其基本构造为：

最下层为大斗，作为斗拱的承重构件，呈六边形斗状，居垂直中心线刻十字口，用以安装拱子和担子。垂直短边的开口用于安装拱子，宽度为拱子材厚，通常用6.5或7cm，深度在2cm左右；平行于短边的开口用于安装担子，宽度为担子材厚。一般来说，大斗总高为250mm，其中斗底加斗𩑫为150mm，斗耳高为100mm。大斗斗底通常向内收进斗总宽的六分之一（图4-3-7）。

第二层，先安装平行于面阔的构件，再安装垂直于面阔的构件，实为先置担子，后安装拱子，担长设定为a，通常在36～45cm之间；担子高在10～15cm之间，担子宽多为8cm；后设拱子，拱长为b，通常在38～44cm之间，拱高在15～20cm之间，拱宽多为10cm左右。拱子和担子安装原则遵循"山面压檐面"[②]的定律。担子和拱子之间长度和端头斜杀，需要遵循斜率法则，如六角单彩长度比值为：$a：b=1：\dfrac{\sqrt{3}}{3}$。由于拱子和担子在大斗上成十字相交，则需要在拱身上刻深为拱高二分之一的盖口卯，担子身上较少刻口。

拱子和担子上设小升，小升形制和大斗斜率相同，遂形成矩形、菱形和六边形的小升。担子向两侧出跳，上扣拱子，形成第三层。本层担子和拱子的拱长相较于二层拱子和担子，向外延伸出四分之一，但其形制和下层保持相似。上层担子出跳规律相同，拱子上设云头，需要注意的是，首先，云头上不设小升，直接承托彩拱子。托彩拱子相较于拱子材厚一般要增加4～5cm。同时，本层开始设条枋和牙子，托彩拱子上置云头梁，柱头位置的云头梁插入金柱内，破间位置的云头梁实际上是一种假梁头，上设挑桄，直接承托檩条（图4-3-8）。

---

① 子桁：即挑檐檩。

② 斗拱构件制作安装顺序是进深压宽面，即看面的构件做下交，进深面的构件做上交。在这里是横向的担子做下交，纵向的拱子做上交，拱子压担子。

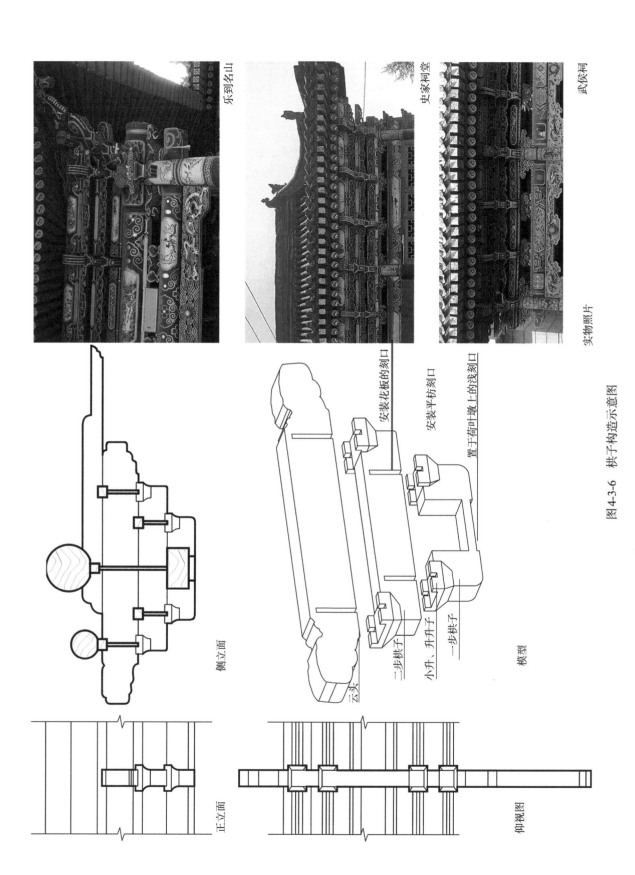

乐到名山

史家祠堂

武侯祠

实物照片

云头

二步栱子

小升、升子

一步栱子

安装花板的刻口

安装平枋刻口

置于荷叶墩上的浅刻口

模型

侧立面

正立面

仰视图

图 4-3-6　栱子构造示意图

第四章　栱子及彩形式与构造技术

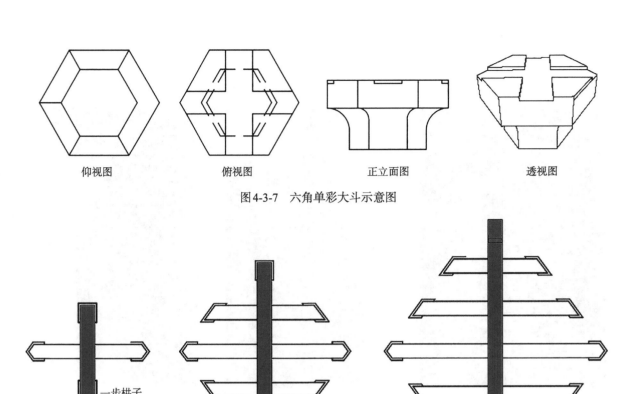

| 仰视图 | 俯视图 | 正立面图 | 透视图 |

图4-3-7 六角单彩大斗示意图

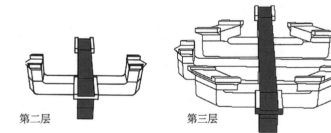

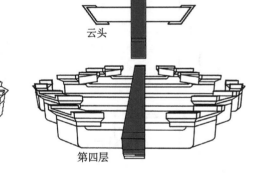

俯视图

一步栱子

二步栱子

云头

第二层

第三层

第四层

图4-3-8 六角单彩分层图

二步六角单彩遵循的一般规律为：纵向从下至上依次为栱子，云头，托彩栱子、云头梁。破间彩上设挑桄，置于檩下，有效地防止了斗栱发生向前倾覆现象。担子自正心开始，向里、外出跳，每层担子件数为 $2n+1$（n 为出跳），并相应随斜率扩大。在云头层时，担子开始承托条枋，条枋下可设花牙子。条枋和牙子均为一整根构件，作为各朵斗栱间的联络构件，牙子同时起到拉结和装饰檐下的作用。栱子、担子和小升的形制、铺设、排列遵循这六角斜法的规律性，并以之为准则（图4-3-9）。

（2）方格单彩的基本构造

方格单彩是较早出现的单彩形式，常见的有一步方格单彩和二步方格单彩，方格单彩在形制上接近清官式品字科斗栱，其构造规律与六角单彩相同，但构图关系上有所差异。

方格单彩大斗的平面为方形，沿山面和檐面的两侧中心线上开十字相交的刻口，用于承托栱子和担子。由于方格单彩构图的特殊性，一步栱子和一步担子栱身长相同。云头、托彩栱子和云头梁以及挑桄依次置于栱子小升之上。早期的建筑实例中，如浚源寺金刚殿，并未设置托

丝路甘肃建筑遗产研究：兰州传统建筑木作营造技术

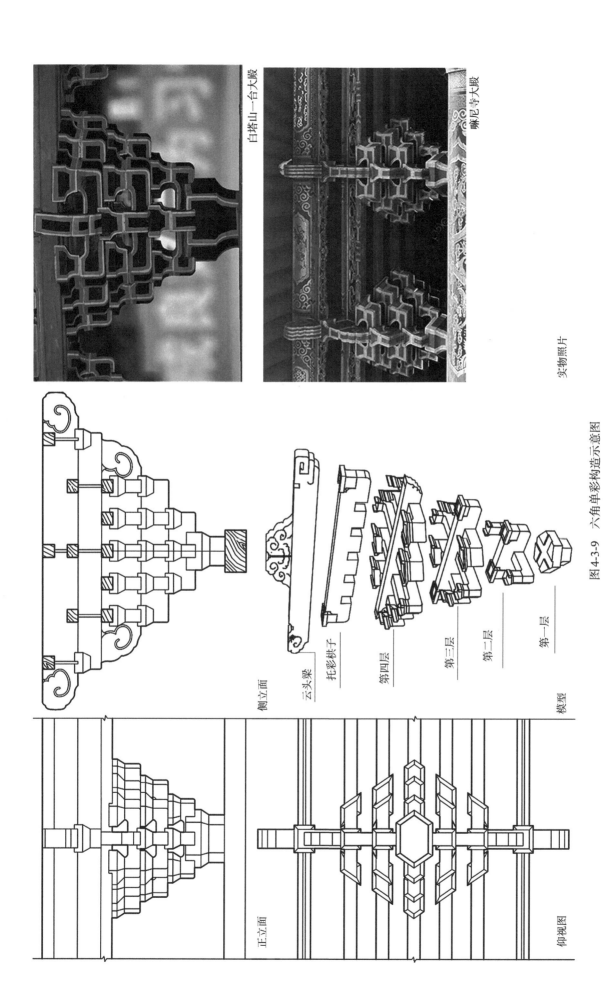

白塔山—台大殿

嘛尼寺大殿

实物照片

图4-3-9 六角单彩构造示意图

云头梁

托彩栱子

第四层

第三层

第二层

第一层

侧立面

模型

正立面

仰视图

第四章　栱子及彩形式与构造技术

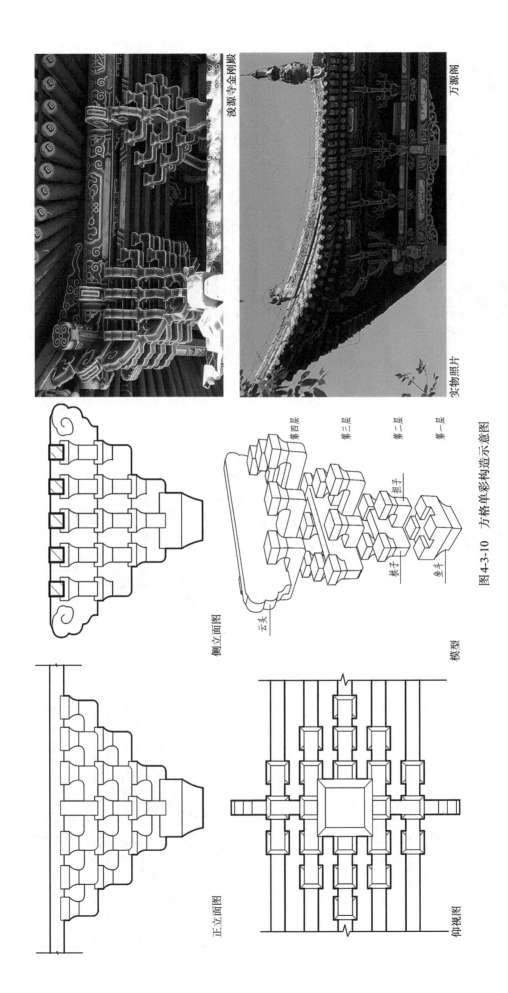

凌源寺金刚殿

万源阁

实物照片

第四层

第三层

第二层

第一层

云头

拱子

挡子

拱子

坐斗

侧立面图

模型

正立面图

仰视图

图4-3-10 方格单彩构造示意图

丝路甘肃建筑遗产研究：兰州传统建筑木作营造技术

彩栱子，直接由云头承接云头梁，破间位置的云头梁后尾插入下金檩随枋下，柱头云头梁类似于抱头梁，后尾插入金柱内（图4-3-10）。

（3）八角单彩基本构造

在实地调研的过程中，并未发现八角单彩的实例，但根据匠人口述和手稿记载，八角单彩主要用于亭类建筑上，以八角单彩的图样为例，其基本构造为：

第一层为大斗，大斗形制为六边形斗状，上沿对角中心线刻米字形槽口，刻口深2cm，刻口宽为栱子和担子材厚。大斗的六边形不同于六角单彩的正六边形，其六边形源自正八边形所构成的菱形。沿中位线做大斗的短边，长边则应用菱形的边。上层所安装的栱子和担子均按照八角斜率进行斜杀（图4-3-11）。

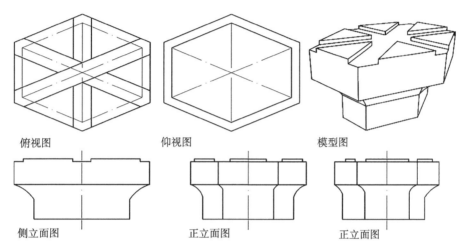

俯视图　　　　　　　仰视图　　　　　　　模型图

侧立面图　　　　　　正立面图　　　　　　正立面图

图4-3-11　八角单彩大斗示意图（来源：自绘）

第二层，在大斗刻口上安装一步栱子和一步担子，先安装1号一步担子，根据搭接2号担子和一步栱子的位置刻等口卯，卯口深为担子高的三分之二。后在预留好的刻口处安装2号担子一件，2号担子沿栱身底部三分之一处做盖口卯，压在1号担子上，并在栱身上部刻三分之一深的等口卯。最后安装一步栱子，一步栱子上刻深度为栱身三分之二的盖口卯。栱子和担子首尾两端各设小升一件，栱子上的小升为五边形斗状，刻顺身口，担子上的小升为菱形斗状上刻十字口（图4-3-12）。

第三层，安装先后顺序与一层相同，先在一号一步担子上安装1号二步担子一件，担子身长为一步担子身长的1.25倍，1号二步担子与2号二步担子和7号二步栱子的相交处刻深为担子高的三分之二的等口卯，与4号担子和6号担子相交处刻以担子高的二分之一的等口卯。1号二步担子和2号二步担子构造规律相同。3号二步担子安装于2号一步担子上的小升上，在6号二步担子和7号二步栱子的相交处，根据相交位置刻深为担子高三分之二的等口卯；在与2号二步担子的相交处则是刻担子高的二分之一的盖口卯。在与4号担子的相交处将小升切掉，或将半个、整个担子身切断掉。5号二步担子和3号二步担子形制规律相同，除与4号二步担子和7号二步栱子相交处先在担子底部刻深为三分之一的盖口卯，在上部刻深为三分之一的等口卯。4号二步担子在和5号二步担子和7号二步栱子相交处刻深为三分之二的等口卯，与1号二步担

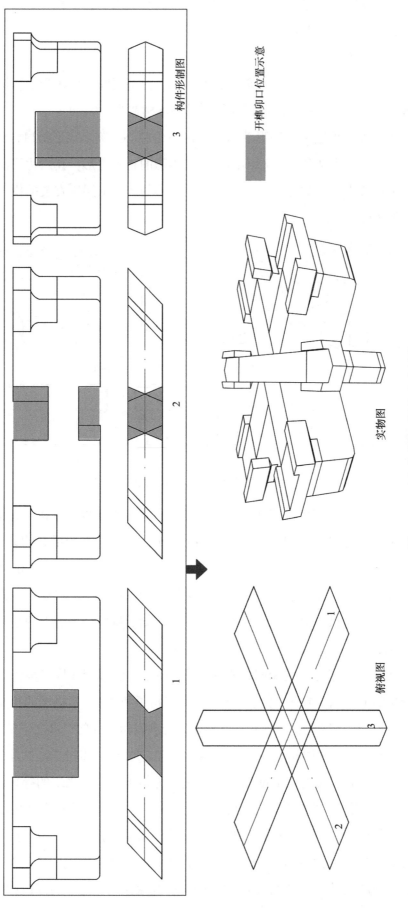

图4-3-12 八角单彩第二层构造示意图

构件形制图

开榫卯口位置示意

实物图

俯视图

子的相交处刻深为二分之一的盖口卯，在和3号二步担子的相交处保留上部和小升或保留完整的担子结构，3号二步担子和4号担子在相交处粘连在一起。6号二步担子的形制规律与4号二步担子相同，仅在和3号二步担子和7号二步棋子相交处的卯口有变化，下部根据3号二步担子的相交处刻深为担子高的三分之一的盖口卯，上部根据7号二步棋子的相交位置刻担子高的三分之一的等口卯。本层小升的设置规律与下层相同（图4-3-13）。

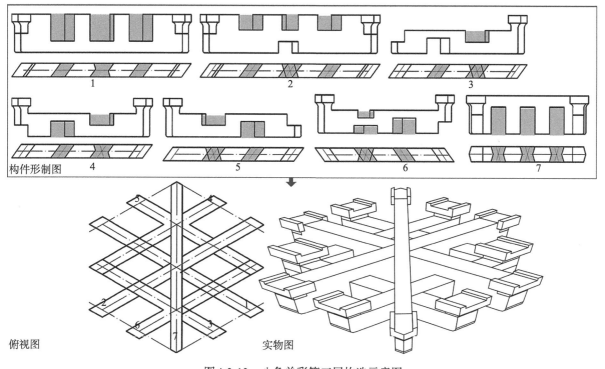

图4-3-13 八角单彩第三层构造示意图

第四层，安装顺序与下层相同，不再赘述。本层也作为八角二步单彩的斗棋的最后一层，开始设云头，云头前端刻以云纹雕饰，棋子后尾或者担子身上设小升。1号云头与六个构件相交，其中2号云头和11号云头交叉相交与一处，遂1号云头身上凿五处刻口，均为等口卯，在与2号云头和11号云头的相交处卯口深为云头高的三分之二，其余卯口深为云头高的二分之一。2号云头形制与1号云头相同，不同于1号云头和11号云头相交处的刻口，根据和1号云头相交处位置，在云头下部刻云头高的三分之一的盖口卯，根据11号云头相交位置，在云头上部刻云头身高的三分之一的等口卯。后安装3号云头，根据与其他构件的相交位置，刻卯口，除1号云头相交位置刻深为云头身高的二分之一的盖口卯，其余均根据相交位置刻等口卯。3号云头前端刻以云头，后尾与8号云头相交处切断或将上部削去棋高的二分之一，后与8号云头相粘连。4号云头、5号云头和6号云头形制相同，刻榫卯的规律遵循相交构件的先后安装顺序区分盖口卯和等口卯。7号云头、8号云头、9号云头和10号云头形制相同，云头身长遵循八角算法，刻榫卯口逻辑与其他构件相同。云头上不设小升，云头后尾设小升，小升为四边形斗状。上承条枋。随后在11号云头上安装托彩棋子一件，托彩棋子前端与云头平齐，后尾长出11号云头1a（设计好的拽架之间间距），在柱头位置上，托彩棋子上安装云头梁（图4-3-14）。

第四章　棋子及彩形式与构造技术

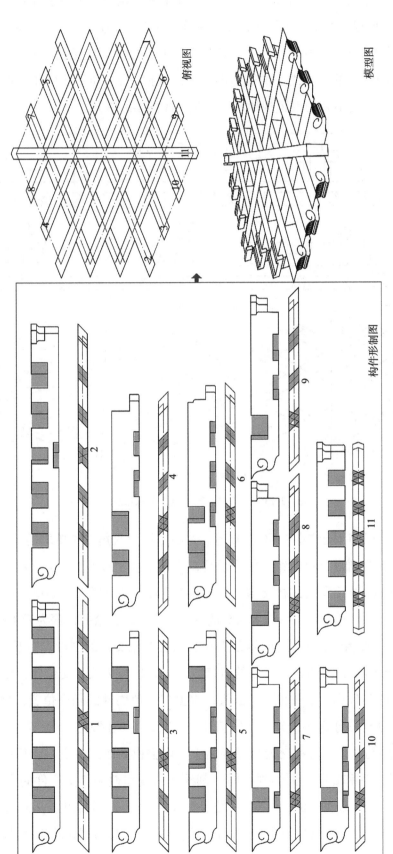

俯视图

模型图

构件形制图

图4-3-14 八角单彩第四层构造示意图

丝路甘肃建筑遗产研究：兰州传统建筑木作营造技术

（4）两路斗栱

两路斗栱，仅见于在牌坊端部使用的比较特殊的一类斗栱形式，简单来说，就是在单彩的基础上多加了一组出挑栱子。通常在承重柱柱心处施一路栱子，在同侧大担上立大斗再施步数相同的一路栱子，组成双路单彩斗栱。柱头处刻十字通口安装栱子和担子，两路栱子共同承托担子及上部荷载，上层配置规律与其他单彩相一致（图4-3-15）。

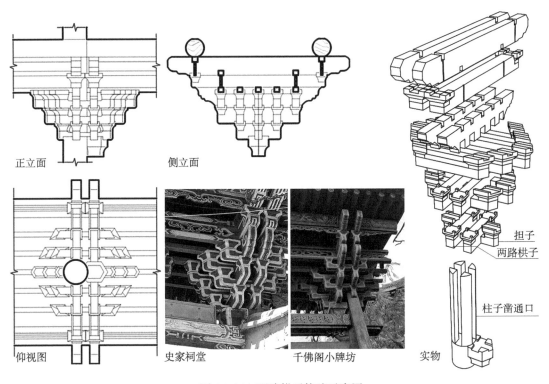

正立面　　　　　侧立面

仰视图　　　史家祠堂　　　千佛阁小牌坊　　　实物

担子
两路栱子
柱子凿通口

图4-3-15　两路栱子构造示意图

（三）角彩

（1）破角方格彩的基本构造规律

破角方格彩又名方格角彩，是歇山建筑转角处应用最为广泛的一种角彩形式，常见的有二步破角方格彩。同时，三、四步及以上的多层破角方格彩多施用于牌楼上，当地工匠又称作蜂窝。破角方格彩在用材规制上和方格单彩相同，但构造相对繁复，现以最为常见的二步破角方格彩为例，其基本构造如下：

第一层为大斗，多为方形斗状，但白云观大殿的角彩上，大斗却为六边形斗状，是相对少见的。大斗上的刻口需要同时满足栱子，担子及斜栱的安装搭置要求，大斗沿面宽以及进深方向刻十字口安装栱子和担子外，还要沿对角线上开45°斜口，整体呈米字形刻口，用于安装斜向栱子。由于角彩在位置及结构上的特殊性，在正搭交构件中，前端为栱子，后端为担子，为了方便施工，所以往往担子和栱子在材厚和材广上皆相同（图4-3-16）。

第二层，首先在大斗的垂直十字刻口内，先后安装1、2号一步栱子两件，在1号栱子上根

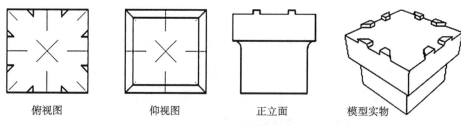

| 俯视图 | 仰视图 | 正立面 | 模型实物 |

图4-3-16　破角方格彩大斗示意图

据与上部构件相交的位置刻深度为栱高四分之三的等口卯，2号一步栱子上沿和1号一步栱子相交位置在底部刻深度为四分之一的盖口卯，根据和3、4号栱子相交的位置刻深度为二分之一的等口卯。后沿着大斗斜向45°的交叉刻口，先后安装3、4号一步栱子两件，3号一步栱子根据和下部构件相交位置在底部刻深度为二分之一的盖口卯，根据和4号一步栱子安装位置，在上部刻深度为四分之一的等口卯。最后再扣4号一步栱子一件，栱身上刻深度为四分之三的盖口卯。3、4号一步栱子首尾两端根据斜率进行斜杀，1、2和3、4栱子栱长关系为1：1.4142的比例。一步栱子首尾两端安装小升两件，其中1、2号栱子上的小升为矩形斗状，3、4号栱子上的下升为五边形斗状小升，上部均刻十字形刻口（图4-3-17）。

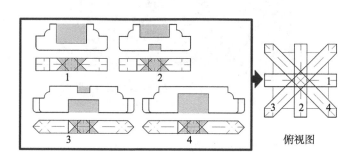

图4-3-17　破角方格彩第二层构造示意图

第三层，首先在平行于面阔方向处安装1、2、3号二步栱子三件，后在垂直于面阔方向处安装4、5、6号二步栱子三件，其中1、3号和4、6号二步栱子形制相同开榫卯口的位置，大小相同。2、5号二步栱子形制相同，开榫卯的位置大小相同。唯一不同的是，根据构件上下搭接的顺序各处开榫卯口的深度不同。1、3、4、6号为单材栱子，2、5号为足材栱子。最后在斜向45°处，扣7、8号二步斜栱两件。1、3号二步栱子共三处刻口，首尾两处刻口，深度三分之二的等口卯，中心处在上部刻深度为二分之一的等口卯。2号栱子首尾两处的上部刻深度为二分之一的等口卯，在中心位置上部刻深度为三分之二的等口卯。4、6号在和1、3号二步栱子相交的位置刻深度为三分之一的盖口卯，根据和7、8二步栱子相交位置，在上部刻深度为三分之一的等口卯。7、8号二步栱子，在和首尾相交的位置下部刻深度为三分之二的盖口卯，7号栱子下部根据和2、5号栱子的相交位置刻深度二分之一的盖口卯，上部根据8号栱子的相交位置刻深度为四分之一的等口卯。8号二步栱子的首尾两处刻口与7号栱子相同，不同的是8号栱子在和2、5、7号栱子的相交位置刻深度为四分之三的盖口卯。本层栱子首尾两端各安装小升两

丝路甘肃建筑遗产研究：兰州传统建筑木作营造技术

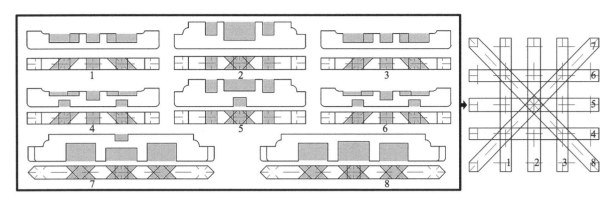

图4-3-18 破角方格彩第三层构造示意图

件，形制规律与下层相同（图4-3-18）。

第四层，本层为云头层，安装顺序以及规律做法与上层相同，本层云头形制均为前出云头后尾带单材或足材栱子，云头身长规律与同层栱长规律一致，云头上不设小升。1、5号云头带栱子形制与榫卯口规律相同，栱身上栱有五处位置开榫卯口，与6、10、11、12相交处开在栱身上部开深度为三分之二的等口卯，与7、8、9号云头相交处，在上部根据相交位置刻深度为二分之一的等口卯。2、4号云头开榫卯口的规律与1、5号云头相同，由于和其他云头相交位置不同，遂榫卯口位置有所调整，但规律一致。3号云头与11、12斜云头和8号云头相交位置开深度为四分之三的等口卯，与其他云头相交处开深度为二分之一的等口卯。6号和10号云头相同，在和1号、5号和11号和12号云头相交位置处，根据和1号和5号相交位置在云头身下部开深度为三分之一盖口卯，根据和11号和12号云头相交位置在云头身上部刻深为三分之一的等口卯。7号和9号云头开榫卯规律相同，仅在位置上不同。8号云头在和3号、11号和12号云头相交处，根据和3号的相交位置刻深度为云头身高四分之一的盖口卯，在和11号和12号云头相交位置刻深度为二分之一的等口卯，其他构件相交位置刻深度二分之一的盖口卯。11号和12号的开榫卯规律与上层相同（图4-3-19）。

第五层，仅在正心位置的云头和斜向的云头上设置托彩栱子三件，斜向云头梁为建筑转角处的对角线，正心位置的托彩栱子和斜向的托彩栱子的栱长比例为1∶1.4142。托彩栱子上小升与栱子连做。托彩栱子上安装云头梁，斜云头梁上置挑桃搭接在斜梁上承托底角梁（图4-3-20）。

用于牌楼上的多层破角方格彩，不设托彩栱子和云头梁，云头为斗栱的最上层，直接承托子桁。不同于二层的方格角彩，正心位置栱子和担子与两侧的栱子和担子在材高上不同，多层破角方格彩仅在斜向栱子为足材。牌楼上的破角方格彩层层叠加放大形成蜂窝状的形式，彩与彩之间利用条枋拉结，将整个斗栱层紧密拉结在一起（图4-3-21）。

（2）五角角彩基本构造规律

五角角彩也叫五角格彩，用于五边形建筑的檐口柱头上。根据大木匠师段树堂先生所留图档，其基本构造为：

第四章 栱子及彩形式与构造技术

丝路甘肃建筑遗产研究：兰州传统建筑木作营造技术

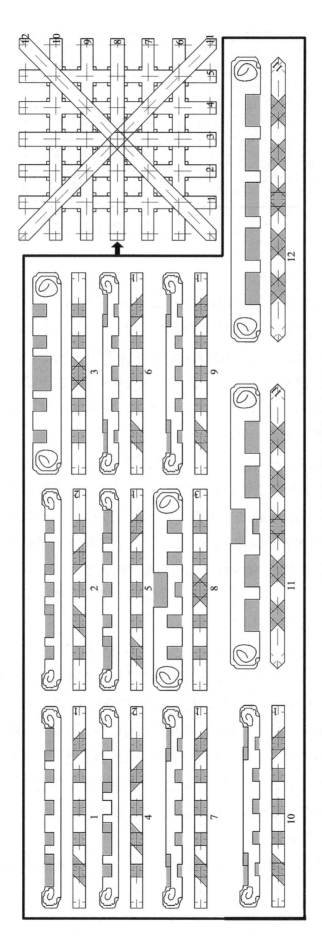

图 4-3-19　破角方格彩第四层构造示意图

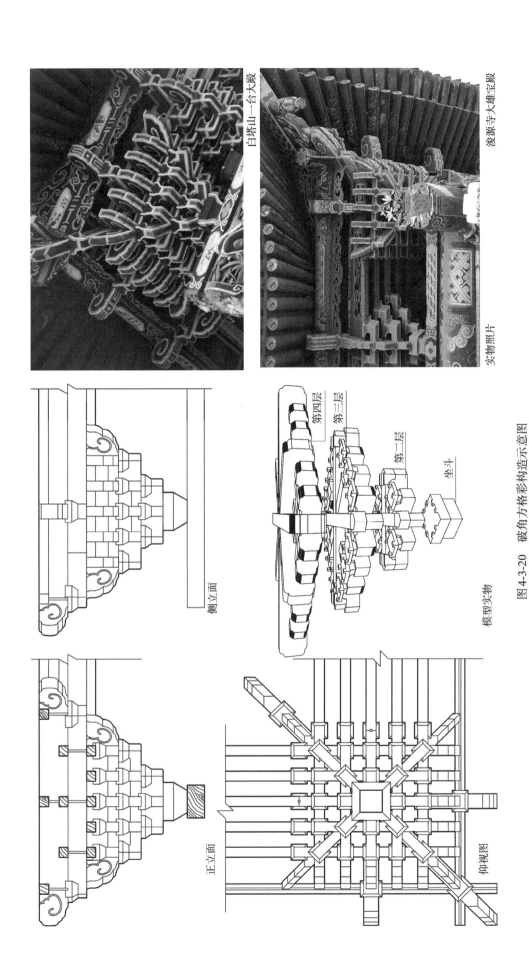

白塔山一台大殿

凌源寺大雄宝殿

实物照片

第四层
第三层
第二层
坐斗

模型实物

侧立面

正立面

仰视图

图4-3-20　破角方格彩构造示意图

第四章　栱子及彩形式与构造技术

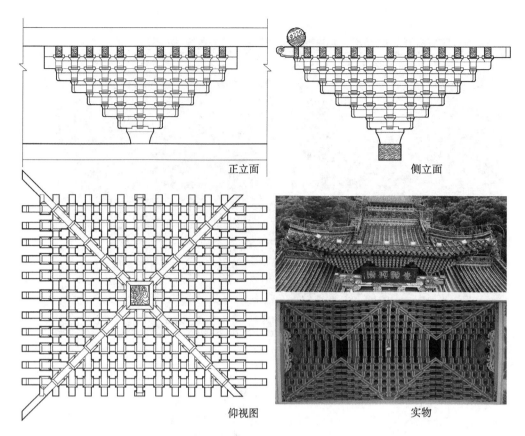

正立面

侧立面

仰视图

实物

图4-3-21　多层破角方格彩（蜂窝）构造示意图

第一层，大斗整体为菱形斗状，菱形角度遵循五角斜率算法，斗底正面向内颐大斗总宽的五分之一，侧面向内颐约为四分之一。沿对角中心线上开十字刻口用于承托栱子，斗口宽约为80mm，沿中心线刻十字口用于承托担子，担子材广为70mm。整体形成米字形刻口。坐斗总高250mm，斗底高为150mm，斗耳高为12mm（图4-3-22）。

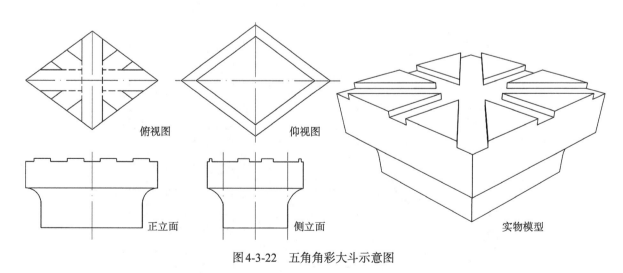

俯视图

仰视图

正立面

侧立面

实物模型

图4-3-22　五角角彩大斗示意图

第二层，先沿担子刻口，交叉安装1号和2号一步担子两件，一步担子形制相同，1号一步担子身上根据和2号、3号和4号一步栱子的相交位置在栱身上部刻深度为四分之三的等口卯，

2号一步担子在和1号一步担子相交的位置在栱身下部刻深度为栱身四分之一的盖口卯，根据二步栱子的相交位置在栱身上部刻深为二分之一栱高的等口卯，后在栱子刻口交叉安装3号和4号一步栱子两件。3号一步栱子则是根据和1号担子和2号一步担子相交的位置刻深度为二分之一的盖口卯，4号一步栱子在相交位置处刻深度为四分之一栱高的等口卯。栱子和担子在定身长以及首尾两端斜杀纵遵循五角斜率。栱子和担子首尾两端均安装小升，一步栱子上的小升为五边形斗状，上刻顺身口，担子上的小升为四边形斗状，上刻十字口（图4-3-23）。

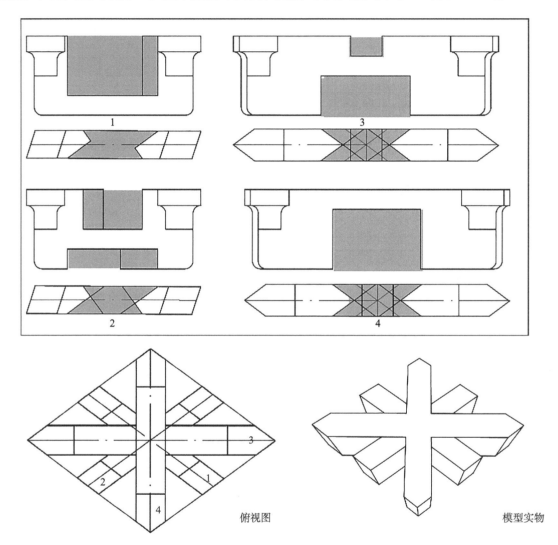

俯视图　　　　　　　　　　　　　模型实物

图4-3-23　五角单彩第二层构造示意图

第三层，先安装1号一步担子一件，其根据与其他构件的相交位置以及件数刻榫卯口，规律做法遵循开榫卯口的法则；设好1号担子后斜向交叉安装2号一步担子一件，2号二步担子则的形制规律以及刻榫卯口做法根据其自身位置按规律相同，后纵横交错安装3号、4号、5号和6号二步担子，而后纵横向扣7号和8号二步栱子两件。担子和栱子之间紧密搭接形成密实的网格层。二步担子与一步担子形制相同，担子身长为一步担子的二倍；栱子形制相同仅在栱长上有所变化。除此之外，设小升的规律也相同（图4-3-24）。

第四层，本层为云头层，也是彩的最后一层，云头层安装顺序的规律与第三层一致，共设

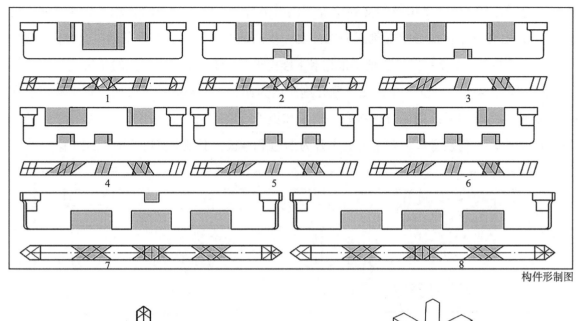

构件形制图

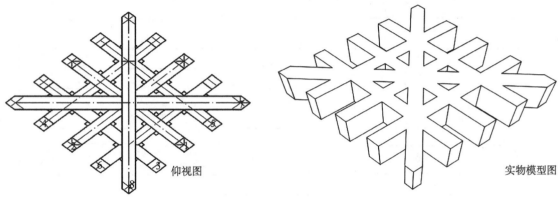

仰视图

实物模型图

图4-3-24 五角单彩第三层构造示意图

云头十二件，云头首尾两端刻云纹或汉文纹样，云头身刻口规律与担子和栱子相同，遂不再重复赘述。云头层上不设小升。通过以上角彩的构造可知，每层的构件的件数为2n+2（n为层数）（图4-3-25）。

第五层，仅在纵向云头层以及外拽云头处设托彩栱子，斜向的托彩栱子刻燕尾榫安装在正向托彩栱子上。托彩栱子上均安装小升，用于安装云头梁。

（3）天罗伞基本构造规律

天罗伞主要应用于亭类建筑上，类似于藻井斗栱，主要起装饰作用。其名称以垂直方向栱子的层数确定步数，水平方向层栱子的数量确定角数，即几步几角天罗伞。角数也是天罗伞仰视平面图的几何边形，偶数角数的天罗伞最为常见，以六步十角天罗伞为例，其基本构造为：天罗伞中无大斗，以关心垂为核心柱，栱子均插在关心垂内。先将关心垂安装栱子的位置凿通口，以便安装栱子，通口的宽度为栱子的材广。第一层中安装一步栱子五件。栱子两端均出挑，组成十边形。栱子根据安装次序的先后，榫卯口深度有所调整，形制均相同。栱子端部各安装五边形小升一件，一层不做担子。由于天罗伞栱子开榫卯口的深度较高，所以材料的要求高，质地和密度要好（图4-3-26）。

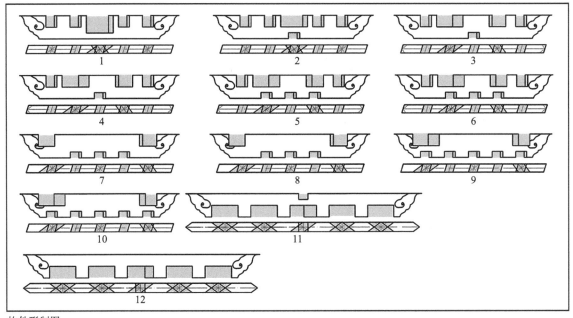

构件形制图

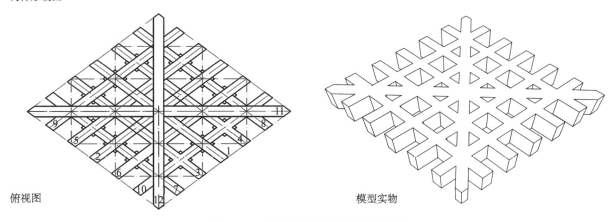

俯视图　　　　　　　　　　　　　　　模型实物

图4-3-25　五角单彩第四层构造示意图

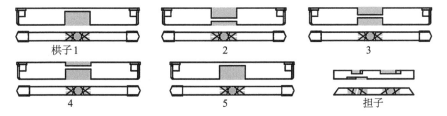

栱子1　　　　　　2　　　　　　3

4　　　　　　5　　　　　　担子

图4-3-26　天罗伞构件形式图

　　第二层，在一步栱子上安装二步栱子，二步栱子的安装顺序和栱子之间的相交处刻榫卯，规律与第一层相同，不再赘述。本层开始铺设担子，栱子和担子相交处，栱子下部刻担子高的盖口卯，以便安装担子。每一层担子两两相交，安装于栱子之上，围合而成环状结构。担子与担子相交处在上部的刻担子高二分之一的盖口卯，处在下方的刻深为担子高二分之一的等口卯。需要注意的是同一件担子与其他担子相交时为交错搭接，保证每层结构更加紧密。担子两端相连处安装五边形小升。上层规律以此类推，而后直至最上一层安装规律相同，最后一层在栱子上安装云头层，不设担子，而是用条枋拉结（图4-3-27）。

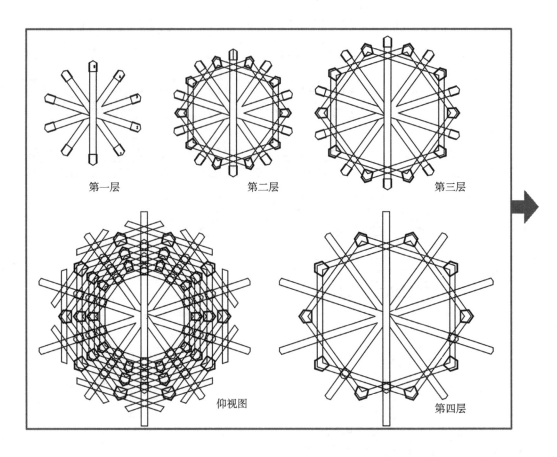

第一层　　　　　第二层　　　　　第三层

仰视图　　　　　第四层

实物模型

关心垂内部构造

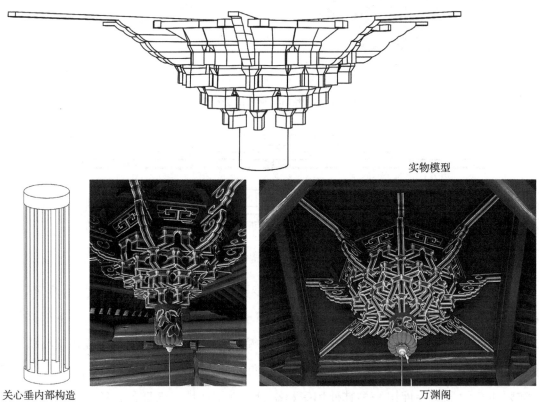

万渊阁

图4-3-27　天罗伞构造示意图

丝路甘肃建筑遗产研究：兰州传统建筑木作营造技术

第四节　斗栱权衡模数与营造逻辑

中国传统建筑的营造过程以大木作为核心，诸工皆以其准度而用之。大木作通常先预制加工，后立架安装，构件及构架体系遵循一定的模数制度。这个模数会随着建筑营建活动的频繁、营造技艺的熟练及本土匠师的经验而不断成熟与定型，并遵循一定的规律。宋《营造法式》卷四《大木作制度一》开宗明义："凡构屋之制，皆以材为祖，材有八等，度屋之大小，因而用之"，这是第一次将"材"定义为基本模数单位，标志着中国传统建筑从此走向规范化。至清工部《工程做法则例》建立的"斗口制"是在宋制八等级的基础上进行的改良，增至十一等材，简化了宋制的"材、栔、份"的换算，相较宋制更为精细，使施工计算更为直观和便利。

兰州地区的木构建筑是否也遵循"斗口制"，抑或者有适合本地的一套数值体系呢？通过比对测绘资料、匠师图档、大木匠人的施工经验以及明清建筑用材制度，我们对斗栱的用材有了一些认知和总结。

一、图档中的斗口值

栱子承担出跳功能，与清官式翘类同。翘的厚度为标准斗口值，参照这个标准，以常见栱子的厚度作为标准斗口值，进行明尺换算后，发现这个数值更加接近明官式的"斗口制"，且在八等材到四等材之间，八等材之间差距最小。栱子的材厚和材高的比值为1∶2，符合明清官式中翘材广与材高之间的比例关系（表4-4-1～表4-4-3）。但是不是所有的构件都符合这种关系呢？还需要做进一步探究。

表4-4-1　明清建筑用材制度对照表

材分等级		材分规格尺寸					
		明斗口制（营造尺=31.75cm）			清斗口制（营造尺=32cm）		
		斗口值	单材材高	足材材高	斗口值	单材材高	足材材高
大木作制度	一等材	4.0	5.6	8	6	8.4	12
	二等材	3.75	5.25	7.5	5.5	7.9	11
	三等材	3.5	4.9	7	5	7	10
	四等材	3.25	4.55	6.5	4.5	6.3	9
	五等材	3.0	4.2	6	4	5.6	8
	六等材	2.75	3.85	5.5	3.5	4.9	7
	七等材	2.5	3.5	5	3	5.2	6
	八等材	2.25	3.15	4.5	2.5	3.5	5
	九等材	2.0	2.8	4	2	2.8	4
	十等材				1.5	2.1	3
	十一等材				1	1.4	2

表4-4-2　斗栱用料表　　　　　　　　　　　　　　　　（单位：cm）

大斗			栱子		担子		破间云头		担子小升		栱子小升		
全高	上高	下高	高	厚	高	厚	高	厚	高	宽	高	底宽	雄头
22	8	14	16	8	9	7	18	12	10	11	9.5	6	8.5
25	10	15	18	9	10	8	19	13	11	12	10.5	7	9.5
28	12	16	20	10	11	9	20	14	12	13	11.5	8	10.5

资料来源：段树堂提供

表4-4-3　核算斗口值表　　　　　　（单位：寸，1寸＝3.175cm）

斗口值	材高	备注
2.52	5.04	接近清官式八等材，明官式七等材，均是足材值
2.83	5.67	接近明官式六等材，清官式七等材
3.15	6.30	介于明官式中四、五等材

通过大斗、小升的常用数值对比发现，其用材相对较自由，整体高度相较清官式同类构件要高，而且没有固定值。匠人往往根据自己的经验在区间数值内选择（表4-4-4）。

表4-4-4　斗构件用材表　　　　　　　　　　　　　　　（单位：斗口）

大斗			担子小升		栱子小升			备注
全高	上高	下高	高	宽	高	底宽	雄头	
2.75	1	1.75	1.25	1.375	1.1875	0.75	1.0625	
2.78	1.11	1.67	1.22	1.33	1.17	0.78	1.05	
2.8	1.2	1.6	1.2	1.3	1.15	0.8	1.05	
2	1.2	0.8	1		1			清官式相同构件的斗口值

栱子用材

前文提到栱子的"斗口值"更接近明代"斗口制"，这是一个验证式的推证，仅说明兰州地区的传统建筑符合官式营造体系下的建筑逻辑关系，并不代表匠师会使用这样一个逻辑关系。在匠师图档资料中，相关的用料表全部都是构件具体数据的记录，没有固定权衡关系的记载。如一般建筑栱子用料表里，只有建筑开间和栱子长度的数值关系，即每个开间都会对应出栱子的具体长度，而且随着开间的增加栱子的长度会呈现为一个稳定的等差数列。需要注意的是，在开间相同的情况下，一步栱子的栱长和重栱的一步栱子长，虽然都是一步栱子，但长度却不同，即一步栱子的栱长要大于重栱的一步栱子长，在图档备注中还记载二者的比值为1∶0.8（表4-4-5）。

表4-4-5　栱子长度木工下料参考表　　　　　　　　　　　（单位：cm）

	一般建筑栱子外出长度				
开间	一步栱子		重栱子		
			一步	二步	
	最大值	最小值		前栱长	后栱长
250	32	30	26	18	20
300	34	32	27	19	22

一般建筑桅子外出长度					
开间	一步桅子		重桅子		
	最大值	最小值	一步	二步	
				前桅长	后桅长
350	36	34	28	20	24
400	38	36	29	30	26
450	40	38	30	31	28

转角造房架桅子外出长度				
开间	柱高	一步桅子	重桅子	
			一步	二步
200	260	26	28	22	24
250	280	27	30	23	26
300	300	28	32	24	28
350	320	29	34	25	30
400	340	30	36	26	32

说明：（1）一步桅子木尺长度一尺，重桅子八寸（木尺）

（2）桅子外出长度以柱高开间决定，因柱高与开间有关系，开间大，桅子外出长，柱高由柱石上至通口下另加20cm，先定开间大小，再定柱子高低

（3）用料大小见一般房架参考表和角形房架用料表

资料来源：段树堂先生手稿

同样，在转角造建筑木工用料表中也是记录着建筑开间和相关斗栱构件材厚高的数值关系，即每个开间都会对应出构件高厚的具体尺寸，而且随着开间的增加，这个尺寸呈现为一个稳定的等差数列（表4-4-6）。

表4-4-6　转角造建筑木工用料表　　　　　　　（单位：cm）

开间	桅子		云头桅子		小升		斜云头	
	高	厚	高	厚	高	宽	平高	腮厚
200	16	8	18	10	9.5	14	18	14
250	17	9	19	11	10	14	19	15
300	18	10	20	12	10.5	16	20	16
350	19	11	21	13	11	17	21	17
400	20	12	22	14	11.5	18	22	18

从图档资料中可以看出，兰州地区斗栱在设计中并不依据斗口制，主要依据建筑的开间制定一套基于区间值"比类增减"的用料制度。同时，近代由于公尺的普及和使用，匠人在前期的设计中将斗口制的权衡关系转化成了具体的数值关系，即对斗栱各部分构件的材广、材厚都有了较为精确的规定。

二、建筑实例中的斗栱用材

上述这个固定常数值是图档中记载的，那在实际营造中，匠人们是不是完全遵循和延续了这种方式呢？我们结合一手的建筑测绘资料做了一些比对分析。

（一）大斗

清代《则例》规定：坐斗宽3斗口，高2斗口。但通过测绘数据的比对后发现，兰州地区坐斗宽3.6~5.5斗口，高2.1~4.4斗口，高宽比值变化较大，相比清式稳定的高宽比，没有形成稳定的模数制系统。斗口值7.5~9cm，与匠师图档记载的8~12cm的斗口值虽有变化，但仍在同一范围内，说明图档是作为参考设计依据存在的（表4-4-7）。

表4-4-7　大斗用材尺寸表　　　　　　　　　　（单位：cm）

建筑名称	坐斗形制	斗口值	坐斗宽	材宽	坐斗高	材高	高/宽
白塔山一台大殿	六边形	7.5	34	4.5	23	3.1	0.68
白塔山二台大厅	矩形	7.5	32.5	4.3	20.5	2.7	0.63
白塔山喜雨亭	菱形	8.5	27	3.6	18	2.1	0.67
庄严寺大雄宝殿	矩形	8.5	32	3.8	18	2.1	0.56
府城隍庙享殿	矩形	9	32	3.6	24.5	2.7	0.77
周家祠堂后殿	菱形	6.5	28	4.3	20.7	3.1	0.74
三圣庙献殿	矩形	7	34	4.8	24	3.4	0.71
白马大殿	菱形	7.5	41	5.5	21.5	2.9	0.52
浚源寺大雄宝殿	六边形	7.2	24	3.4	32	4.4	1.3
浚源寺金刚殿	矩形	8	32	4	24.5	3.01	0.77
玛尼寺大殿	六边形	7.5	32	4.3	20.5	2.7	0.64
万源阁	矩形	7.5	31.5	4.2	26.5	3.5	0.84

（二）斗栱各构件截面尺寸

（1）栱子用材

从前文可知，栱子出栱长并没有固定模数值，且匠人口述内容有所差异，实际栱长数值多为25~36cm。现选取典型建筑中一步栱子的相关数据，分析栱子用材的规律，兰州地区栱高为1~2.5斗口，栱长为2.7~5斗口，栱高为7~18cm，栱长为20~38cm。与图档比较数值范围较广，应是在实际工程中为提高建筑的稳定性，适当的增加出栱长值（表4-4-8）。

表4-4-8　栱子用材尺寸表　　　　　　　　　　（单位：cm）

建筑名称	斗口值	栱高×栱长	材高×材长
白塔山一台大殿	7.5	15×38	2×5
白塔山二台大厅	7.5	16×26	2.1×3.4

建筑名称	斗口值	拱高×拱长	材高×材长
白塔山喜雨亭	8.5	9×36.5	1.1×4.3
庄严寺大雄宝殿	8.5	10×37.3	1.2×4.3
府城隍庙享殿	9.0	10.5×25	1.2×2.7
周家祠堂后殿	6.5	15.5×23	2.4×3.5
三圣庙献殿	7.0	7×20	1×2.9
白马大殿	7.5	16.5×26.2	2.2×3.5
浚源寺大雄宝殿	7.2	19×25.5	2.64×3.5
浚源寺金刚殿	8.0	19.5×23	2.43×2.875
玛尼寺大殿	7.5	15.5×24.8	2.06×2.7
万源阁	7.5	17×22	2.27×2.93
大悲殿	9.5	18×34	1.89×3.5
武侯祠	10.5	18×33	1.7×3.1

（2）担子用材

担子材广受拱子材广制约，担子材广为0.9～1斗口，担子高则是约占1～1.2斗口，担子长约为4.4～6.7斗口（表4-4-9）。

表4-4-9　担子用材尺寸表　　　　　　　　　（单位：cm）

建筑名称	斗口值	担子宽×担子高×担子长	斗口比值
白塔山一台大殿	7.5	7.5×8.5×34	1×1.1×4.5
白塔山二台大厅	7.5	7.5×8.0×42	1×1.1×5.6
白塔山喜雨亭	8.5	9.0×9.0×42	1.1×1.1×4.9
庄严寺大雄宝殿	8.5	8.5×10.0×44	1×1.2×5.2
兰州城隍庙享殿	9.0	9.0×10.5×40	1×1.2×4.4
周家祠堂后殿	6.5	6.5×6.5×38.0	1×1×5.8
三圣庙献殿	7.0	7.0×7.0×47.0	1×1×6.7
白马大殿	7.5	6.5×7.5×41.0	0.9×1×5.5
浚源寺大雄宝殿	7.2	7.2×9.3×47.0	1×1.3×6.5
浚源寺金刚殿	8.0	8.0×11.0×47.0	1×1.375×5.875
玛尼寺大殿	7.5	7.8×9×40.5	1.04×1.2×5.4
万源阁	7.5	7.5×10×46.5	1×1.3×6.22

根据上文对于斗栱用材的数值分析可知，斗口值虽然更为接近明官式的四等材至八等材，但在斗栱实际营造过程中，各部分构件用材并不完全受斗口值制约，而是形成以区间值为基准量"比类增减"的整数权衡体系。其中图档资料成形于实践工程中，所记载数值更为规矩，也是实际中使用最多的建筑规制。

（三）斗栱用材与建筑用材的关系

兰州斗栱构件的用材看似没有一个固定的比值关系，但是仍然遵从栱子或彩的整体比例关系，如后文论及的斜法基因。众所周知，不论官式还是地方，传统建筑都会遵循一套适当的建筑通则，但这套通则是否也会影响到斗栱用材呢？我们为此也做了一些数据的分析。

（1）栱长用材与建筑开间

通过相关数据的比对，兰州地区的栱子材厚处于一个相对比较稳定的数值区间，但栱高和栱长变化范围很大，并没有因开间的变化而形成一套有序的变化。建筑开间与栱长的比值为7.8～21.6，集中区间不明显（表4-4-10）。

表4-4-10　建筑开间与栱长用材比值表　　　　　　　　　（单位：cm）

建筑名称	建筑开间	栱高	栱厚	栱长	建筑开间与栱长比值
白塔山一台大殿	505	15	7.5	38	13
白塔山二台大厅	450	16	7.5	26	17
白塔山喜雨亭	285	9	8.5	36.5	7.8
庄严寺过殿	320	19.5	12	37.5	8.5
庄严寺大雄宝殿	446	10	8.5	37.5	11.9
府城隍庙享殿	445	10.5	9	25	17.8
周家祠堂前殿	320	15.5	10	23	13.8
三圣庙献殿	318	7	7	20	15.9
白马大殿	375.5	16.5	7.5	26.2	14.3
浚源寺金刚殿	497	19.5	8	23	21.6
玛尼寺大殿	355	15.5	7.5	24.8	14.3
大悲殿	321	18	9.5	34	9.4
武侯祠	318	18	10.5	33	9.61

（2）攒当与建筑开间

建筑开间值与攒当距离比例关系如下表，建筑开间与攒当的比值为1.9～5.3，主要集中于3～4区间（表4-4-11）。

表4-4-11　建筑开间和攒当比值表　　　　　　　　　（单位：cm）

建筑名称	建筑开间	攒当	建筑开间与攒当比值
白塔山一台大殿	505	95	5.3
白塔山二台牌楼	450	221.5	2.03
白塔山喜雨亭	285	150	1.9
庄严寺大雄宝殿	446	111.5	4
府城隍庙享殿	445	117.5	3.79
周家祠堂后殿	318	106	3
三圣庙献殿	318	110	2.9
白马大殿	375.5	120	3.13
浚源寺金刚殿	497	165.5	3
玛尼寺大殿	355	116	3
大悲殿	320	106.7	2.99
武侯祠	318	106	3

丝路甘肃建筑遗产研究：兰州传统建筑木作营造技术

（3）斗栱用材与檐柱

斗栱用材和檐柱之间的比例关系如下表，檐柱柱径与斗口的比值2.85～6.3，集中在4～6区间；柱高与斗栱层高的比值在3.2～9.8，集中在4～5区间（表4-4-12）。

表4-4-12　檐柱高和檐柱径与斗口比值表　　　　　　（单位：cm）

建筑名称	檐柱径	斗口值	斗口比值	檐柱高	斗栱层高	檐柱高/斗栱层高
白塔山一台大殿	40.5	7.5	5.4	547.5	108.5	5.0
白塔山二台大厅	47	7.5	6.3	480	114.5	4.2
白塔山喜雨亭	45	8.5	5.5	334	94	3.6
庄严寺	37.5	8.5	4.4	357.5	82	4.4
兰州城隍庙享殿	39	9	4.3	423	109.5	4.1
周家祠堂后殿	26.5	6.5	4.1	404.5	103	3.9
三圣庙献殿	35	7	5	330.5	101	3.2
白马大殿	37	7.5	4.9	475	124.5	3.8
浚源寺金刚殿	45	8	5.6	541	79.5	6.8
大悲殿	29	9.5	3.05	320	55	5.8
武侯祠	30	10.5	2.85	375	38	9.8

根据对于斗栱用材与建筑用材关系的分析可知，建筑整体用材虽未完全受斗栱制约，但二者之间存在相联系、相制约关系，源于地方匠人在营造过程中对于整数尺制和斗口制的灵活运用，实践工程中的区间范围值和图档记载相近，进一步证明了图档可作为地区营建技术史的基础资料。

古代模数制的演化，是一个循序渐进的过程，有其自身的规律和逻辑性，且前后承续，彼此关联，中国古代建筑模数化是从构件规格化开始起步的，并逐渐从构件尺度模数化向整体尺度模数化发展。整体尺度的模数化，应是模数制发展到一定阶段的产物[①]。在此背景下，兰州地区并没有形成一套真正意义上的构件规格化模数体系，模数值不具备逻辑上的连续性，更多的是数字组合上的偶然关系。斗口制停留在肇生阶段，后直接向整体制度过渡，斗栱用材以整体制度为基础，形成以模数区间值为基准量的"比类增减"运算规律。

三、营造逻辑

（一）斜法基因

"斜法"即斜率，"率"法也，意为准则、法度、标准，指代数与数之间比例关系。率包含了数量之间的相互关系，即"凡数相与者谓之率"[②]。兰州地区传统木作建筑中善于运用多种角度，多种斜法，形成形制多样、角度各异的建筑形制和构件，其中斗栱最为显著。中国古代匠

---

① 张十庆. 是比例关系还是模数关系——关于法隆寺建筑尺度规律的再探讨［J］. 建筑师，2005，（5）：92-96.
② 张十庆.《营造法式》研究札记——论"以中为法"的模数构成［J］. 建筑史论文集，2000，（2）：111-118.

作思维中，多利用代数处理几何问题。在营造领域，匠人习惯利用数的比例，指代线性间的相互关系。数值之间的比例关系往往和勾股定理相契合，如匠人口中流传着"圆三进一不足，方五斜七有余"的口诀，就是最常见的圆形和方形算法的口诀。

精通三角形是学习木作必须要掌握的一门技能。兰州地区传统木作建筑在实际中所应用的多种角度均源自于三角形。兰州木匠常说的"身分斜"就是根据斜率和已知的边长，求三边边长和垂线长。在长期的营造实践中，匠人群体中流传着"绞口及长边靠尖端，短靠尖"的匠作口诀。斜率是使用代数分解几何问题，而斜率的准确性是保证图样绘制到施工高效完成的关键一步。现从斜角与斜率的关系、斜率的应用两个方面解析当地的斜法基因（图4-4-1）。

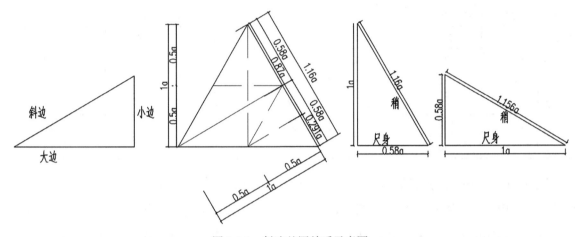

图4-4-1　斜法基因关系示意图

（1）斜法原理

兰州地区古建筑施工过程中所应用的斜率均源自于斜角，其本质就是直角三角形的运用，图档手稿中共记载了三角至十角的斜法及几何关系，是大木匠人工作的基础（图4-4-3）。这套运算体系的形成过程有三：一是建立与单彩或角彩对应的正n多边形平面形制一致的菱形平面；二是对菱形平面进行对角三角形和直角三角形的分割；三是分割后形成的直角三角形即可建立斜法关系，从而应用到工程操作中。因为分割后有两个直角三角形，所以一般会形成两个斜率，其中一个直角三角形的一个锐角是菱形平面的锐角，也是正n边形的中心角，如五角斜法中的锐角为72°，八角斜法中的锐角为45°，十角斜法的锐角为36°等等，这个直角三角形斜率也是主要应用到"彩"的设计加工中。

这套斜法是建立在直角三角形的基础上，契合勾股定理，这是建筑模数形成的重要方法之一。虽然兰州斜法的数理应用基础一样，但细微中略见差异，这个在图档中也有所反应，如三角和六角的斜率虽为一套运算体系，但斜率会略有不同，三角斜法的斜率比是1：0.5：1.1548和1：0.58：1.16，六角斜法的斜率比是1：0.5774：1.156，用现代数学验算都是在$\sqrt{3}$：1：2的勾股定律范围内，只是各自的取值不同而已。四角斜法又称作四方斜，是木作施工过程中应用最为广泛的，其形制为正方形，原型为等腰直角三角形，图档记载的比例关系为1：1：1.4142，也就是1：1：$\sqrt{2}$（图4-4-2）。

丝路甘肃建筑遗产研究：兰州传统建筑木作营造技术

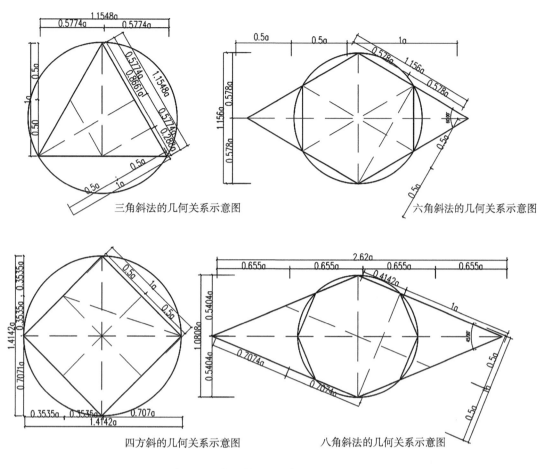

三角斜法的几何关系示意图

六角斜法的几何关系示意图

四方斜的几何关系示意图

八角斜法的几何关系示意图

图4-4-2　常用斜法的几何关系示意图

综上所述，斜法、斜率、数理原型以及几何关系代表了斜法比例系统化和体系化的成形与应用。

（2）斜法应用

兰州地区的斜法，主要应用于多边形亭子和多边形斗栱的设计与制作上，在营造过程中，主要用于制作活斜尺[①]、结构计算、绘制图样、定位置、计算构件长度以及构件首尾两端的斜杀等方面。如四方斜在制作活斜尺中，可以分解成方斜尺和50%斜尺，计算斜尺长度以及定角度均使用斜法。需要注意的是，五角斜法，同时可作为五角星基准线的画法依据。根据实地调研的显示，兰州地区四角、六角、八角和十角应用最为普遍，其中，根据匠人口述七角和九角在实际工程中并没有采用，而是段树堂先生为满足日后设计需求的多样性，从而将其计算出来，并绘制保存。此外，斜法、斜率在实际施工过程中，同样应用于构件的算料与备料工作中，如在设计六角亭子过程中，子桁向外挑出90cm时，其单面长度为0.58乘以90，内进则是相反（图4-4-3）。

总体而言，兰州地区斜法在建筑实际施工过程中灵活运用，体现了地方匠作体系的智慧性，斜率确定到小数点后四位，体现了匠人口诀的精准度。

---

①　大木匠人自制的木工尺子，是斜法工具化的应用。

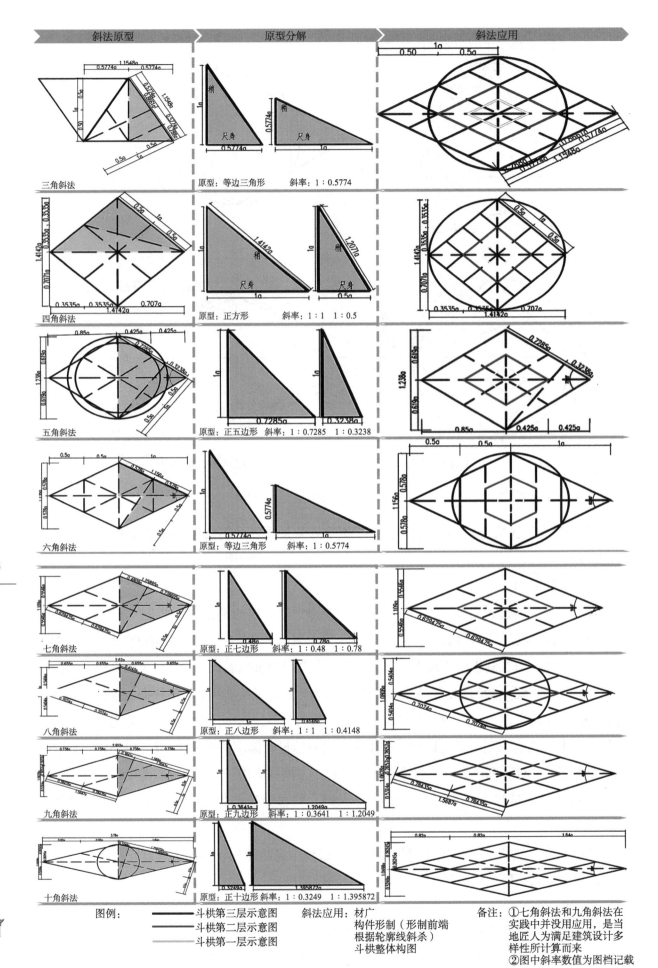

图例：　━━━ 斗栱第三层示意图　斜法应用：材广　备注：①七角斜法和九角斜法在
　　　　━━━ 斗栱第二层示意图　构件形制（形制前端　实践中并没用应用，是当
　　　　━━━ 斗栱第一层示意图　根据轮廓线斜杀）　地匠人为满足建筑设计多
　　　　　　　　　　　　　　　　斗栱整体构图　样性所计算而来
　　　　　　　　　　　　　　　　　　　　　　　②图中斜率数值为图档记载

图 4-4-3　斜法应用示意图

丝路甘肃建筑遗产研究：兰州传统建筑木作营造技术

（二）图样绘制

绘制图纸的第一步要制作工具，自古以来木匠的工具均为自制，包括绳、规、尺、墨等。在绘制图样时所用的工具包括曲尺、掖尺、斜尺等。整个过程需得牢记"方、圆、平、直"四字口诀。现在木匠在施工过程中将传统的自制工具和现代尺规结合使用。在整个营建过程中，掌尺负责整体的建筑设计和图样绘制，其中斗栱的图样绘制是至关重要的一环。

木匠在绘制图样时的基准线一直都是中线，正所谓"大木不离中"。主要分为以下几个步骤：①在绘制斗栱图样时，首先绘制十字中线以及担子中线，绘制好整体的中轴线草样图，按中心线向外定栱子和担子的材厚。②定好担子的间距，即定好栱子和担子材广。③根据各自斗栱形式，绘制其独特的网络结构。如在绘制天罗伞图样时，先绘制好十字相交线，而后根据天罗伞的设计，绘制每一跳的栱子中心线，后绘制好担子的中心线，根据交点确定每步的位置和相关构件的尺寸，最终完成图样绘制（图4-4-4）。

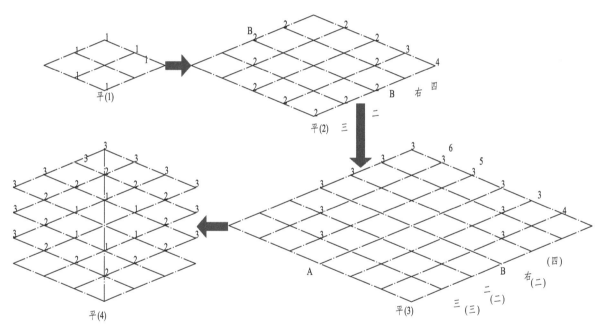

图4-4-4　八角单彩图样绘制流程图

（三）开榫卯口逻辑

斗栱多在栱身上开榫卯口，担子身上较少刻口，由于存在多角度、多类型的斗栱，所以其榫卯口种类繁多、形式多样。设刻口的基本逻辑是栱子与多少件栱子、担子相交，则开多少榫卯口。如栱子与三件构件相交，则开三个榫卯口，斜向开设的榫卯口遵循各自的斜向角度。而榫卯口的深度则是根据同一层有几件构件层叠相交确定。一般来说，当两个构件相交时，榫卯口总高为栱高的二分之一，但三个构件相交时，榫卯口总高为栱高的三分之二，在木匠中流传"二交不算交，三交交折腰"的营造口诀，以此类推。各种类型的斗栱及各层在开榫卯口时同理（图4-4-5）。

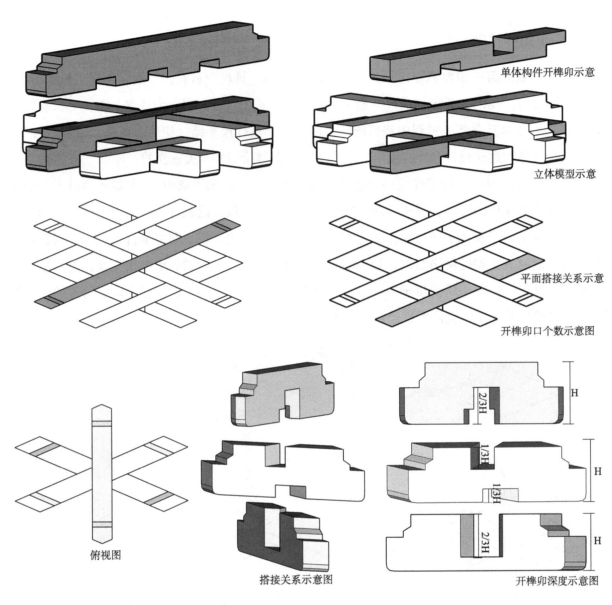

单体构件开榫卯示意

立体模型示意

平面搭接关系示意

开榫卯口个数示意图

俯视图

搭接关系示意图

开榫卯深度示意图

图 4-4-5 开榫卯口逻辑示意图

第五章 木作雕饰

第一节 概　述

一、木装修历史及相关匠人

中国木作装饰的历史，可以追溯到七千年前的新石器时代晚期，在商代已出现了包括木雕在内的"六工"。据《周礼·考工记·梓人》记载："凡攻木之工有七：轮、舆、弓、庐、匠、车、梓。"其中"匠"为匠人，专做营造。梓为梓人，专做小木作工艺，雕饰为首[①]。

明建文元年（1399年），肃王从河西甘州地区移藩到临洮府兰州地区，实施了一系列城建措施[②]，由于城市建设需要大量匠师参与修建，因此召集了许多优秀匠师，跟随肃王来到兰州，与兰州本地匠师相互学习、相互探讨，促进和推动当地木作技术的融合和发展，木装修就是其中的相关技术之一。兰州地区将雕刻匠人称为"削活匠"，刀削就是其主要的技术手法，讲究"阴、阳、翻、卷、叠、折"，即阴角、阳角、翻折、重叠等主要技法。

二、雕饰部位与主题

兰州地区传统小木作工艺主要有门窗、梁头、荷叶墩、花板、典云、雀替等，常见分布在以下部位：①建筑结构的连接部位，如柱子与檐枋连接处的雀替，平枋与檐枋之间的荷叶墩等；②连通室内外空间的门窗槅扇和分隔室内空间的屏风、花罩等。

雕饰的图样有纹饰和主题图案，兰州地区常见"云纹"和"汉纹"两种基本装饰纹样，源于先秦时期"云"、"雷"两种纹饰，一个是类圆形的连续构图，另一个是类方形的连续构图（图5-1-1），"方和圆"反映了古人早期朴素的自然认知和审美情趣。主题图案是雕饰常见的手法，即以某一主题作为雕饰题材，可分为动物类、植物类、宗教类、器物类等。雕刻图案通常围绕这些主题，组合设计、丰富生动，以此来寄托人们对理想生活的美好向往。

---

① 辛艺峰. 传统建筑木雕装饰的风格特点及其在设计中的应用［J］. 古建园林技术，1999，（3）：34-39.
② 兰州市地方志编纂委员会. 兰州市志［M］. 兰州：兰州大学出版社. 第十二卷，2002：4-5.

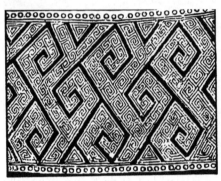

图5-1-1　青铜器云、雷纹图案

第二节　木料与工具

一、木料选择

依据兰州本地大木匠师讲述，兰州地区用于雕饰的木料主要为松木，大部分来自于洮河流域的临洮地区，因早期陆路交通不便，且运输成本较高，木材的运输很多时候会选择"顺流而下"，所以兰州地区的木料大多通过洮河水运而来，故有"洮河材"之称。洮河松木质地柔软，纹路均匀，较其他木料，易于雕刻，是当地大多匠师普遍选择的木料。

通常购买回来的新木料含水量较大，不能直接加工，需要进行干燥处理，干燥后的原木含水率保持在30%左右[1]。干燥过程中将木材分类放置通风处，搁置成垛，垛底架空60cm左右，中间留有空隙，一则便于空气流通带走水分，二则通过自然通风使木材逐渐干燥，避免快速干燥造成木料开裂。除了新木料的选择，也可以选择旧木料，旧木料所含水分较少，一般不需要进行干燥处理。

二、工具选择

木作雕饰使用的工具主要有锯子、刨子、凿子、刻刀和铲，用于木料的锯、刨、凿、刻等工作，相对应的流程大致分为五个工序[2]，表5-2-1试作简单介绍与说明。

① 徐文富. 仙作木作材料和雕刻技艺初探［J］. 东京文学，2014，（11）：71.
② 李晶晶. 河州白塔寺川传统建筑木雕纹样研究［J］. 艺术评论，2017，（7）：141-144.

表 5-2-1　各个工序及所用工具

步骤	工具	图片	说明
第一步： 分木料	锯子 斧子 刨子		根据纹样尺寸用锯子、斧子等工具将木材进行相应的切割，也就是进行粗加工，然后用刨子将木料表面处理平整
第二步： 画图案	墨笔		以前铅笔的运用较为少见，匠人用毛笔蘸墨先在纸上勾画图案，绘画纹样时，分清图案的主次以及阴阳面，先画主要的主题图案，再画次要的纹样，然后将画好拓样的纸固定在木料上面，用点燃的香头将纹样的线条依次烫印在木料上面，最后用毛笔将烫印好的线条勾勒清晰
第三步： 凿粗胚	凿子 锯子 边铲		将画好的木板用钉子固定在木工台上，首先将图案需要通透部分用凿子凿出微小的孔洞，然后用"独条子"（"独条子"是一种锯子的兰州叫法，呈一字形的锯子，锯子一边为把手，一边为锯刃，且锯刃相对较窄，便于灵活操作）锯出通透部分的主要轮廓，形成雕刻的粗胚

第五章　木作雕饰

步骤	工具	图片	说明
第四步：深入刻画	刻刀 边铲 圆铲		用削刀细化粗胚的边缘，使纹样轮廓光滑圆润，称为"洗墙墙子"
第五步：修光	黄纤刺 砂纸 油漆		起初人们选用一种称为"黄纤刺"（音译）的植物，将其分割为小块，包裹在布料之中，由于其韧性较高，对木料有较好的打磨作用，磨光之后涂上油漆；后面匠人逐渐用砂纸代替了黄纤刺

第三节　构　件

兰州地区传统建筑的雕饰主要表现在较为重要突显的木构件上，诸如梁枋的端头，檐下的承托构件荷叶墩，二步拱子中代替了担子的花板等等。在这些构件上，会根据构件的功能与形式的差异而选择不一样的雕饰内容。

一、梁头

（一）饰样类型

梁枋类雕饰只在构件的端头雕饰纹样，常见有云纹、汉纹、象头、鳌鱼头等。"云纹"和"汉纹"是兰州地区最为常见的，且适用面较广，在不同等级规模的建筑中均有采用；而以象头和鳌鱼头等为主题的饰样则常见于等级较高或规模较大的殿式建筑中，多用在鸡架梁的梁头部位。

1. 云子头

云纹，亦称"云子"，通常是若干小卷云簇拥着一个大卷云，构图主次分明。云纹造型独特、婉转优美，寓意祥瑞之气、祥云绵绵、瑞气涛涛，表达了吉祥喜庆、幸福的愿望以及对生活的美好向往，是我国传统建筑各个构件上普遍使用的吉祥图案的代表。若在梁枋头施用时仅用一朵云气纹，称之为"云子头"。

2. 汉纹头

汉纹也称作"回纹"，脱胎于商周时期青铜器上的雷纹，是最古老的纹饰之一，其基本构图是采用连续不断的回形纹，以若干小回纹簇拥一个大回纹，在构图形式上与云纹一脉相承。在民俗文化里，回纹象征着富贵不断头，多用于较重要的建筑构件上（表5-3-1）。

表5-3-1 云子头与汉纹头

类型	云子头	汉纹头
图示		

3. 象头与鳌鱼头

瑞兽在兰州传统建筑梁头上也有较多的运用，主要以象头和鳌鱼头为主（表5-3-2）。鳌鱼是一种神化的瑞兽，龙头鱼身之形，是人们寄寓了众多美好希望和丰富想象的一种神兽。象作为祥瑞之兆很早就应用在建筑装饰中，常引喻为"太平有象"，出自班固《白虎通义·礼乐》："象者，象太平而作乐，示已太平也"。象因谐音"祥"，在吉祥纹饰组合中出任"祥"意，后世对此意多有引用。

表5-3-2 象头与鳌鱼头

类型	象头	鳌鱼头
图示		

（二）尺寸权衡

兰州传统建筑中，梁头伸出长度与梁截面高度呈现一定的比例关系（表5-3-3），通常室外部分梁头伸出长度较长，梁截面高度与梁头长度的比值范围在1.5～3倍；而室内梁头伸出长度相比室外梁头较短，其比值为1～2倍。

表5-3-3　梁头尺寸权衡表

梁头部位		室外梁头			
梁头长度	600mm		梁头长度	290mm	
梁高	220mm		梁高	240mm	
比值	2.7：1		比值	2：1	
备注	白塔山一台大殿鸡架梁鳌鱼头		备注	白塔山三台大殿角梁龙头	
梁头长度	400mm		梁头长度	320mm	
梁高	240mm		梁高	200mm	
比值	1.7：1		比值	1.6：1	
备注	白塔山三台大殿云头梁		备注	青城镇高氏祠堂过厅大担云头	
梁头长度	360mm		梁头长度	640mm	
梁高	220mm		梁高	280mm	
比值	1.6：1		比值	2.3：1	
备注	金崖镇周家祠堂一进大殿云头梁		备注	五泉山庄严寺一台大殿云头梁	
梁头部位		室内梁头			
梁头长度	300mm		梁头长度	200mm	
梁高	210mm		梁高	180mm	
比值	1.4：1		比值	1.1：1	
备注	白塔山一台大殿破间梁云子头		备注	青城镇高氏祠堂过厅破间云头	
梁头长度	320mm		梁头长度	300mm	
梁高	230mm		梁高	165mm	
比值	1.4：1		比值	1.8：1	
备注	五泉山庄严寺二台大殿破间梁云头		备注	青城书院厢房破间云头	

（三）工艺做法

梁头雕饰要在整个大梁加工好后再进行：首先在预留梁头的位置用刨子将梁表面加工平整；其次选择合适的饰样类型，用墨笔将图案绘画在梁头上，绘制图案时要注意分清主次关系、区分出阴阳面，先画主要纹路，再画次要纹路，画完之后用刻刀凿子等工具加工出图案的主要轮廓；最后对梁头纹样进行细加工，有镂空的地方进行"洗墙墙子"处理。

二、荷叶墩

荷叶墩是檐下装饰的受力构件，常置于檐枋之上、平枋之下，对于上部构件的荷载有一定的支撑与传递作用。有些地方做法在檐枋之上增加垫板，再在垫板之上设置荷叶墩，例如榆中县金崖镇周家祠堂一、二进大殿的荷叶墩。

（一）饰样类型

荷叶墩最常见的饰样类型（表5-3-4）为白菜及荷花，除此之外，有大象、天马、麒麟、鹿等象征吉祥的瑞兽，还有石榴、杏子、桃子等象征多子与丰收的果实，更有十六尊慧（表5-3-5）与灵芝、八宝等仙尊或仙品。雕刻技法则通常为浮雕和透雕相结合。

表5-3-4　荷叶墩饰样类型表

常用饰样	云子荷叶墩	汉纹荷叶墩
果实	荷花	白菜
	石榴	佛手

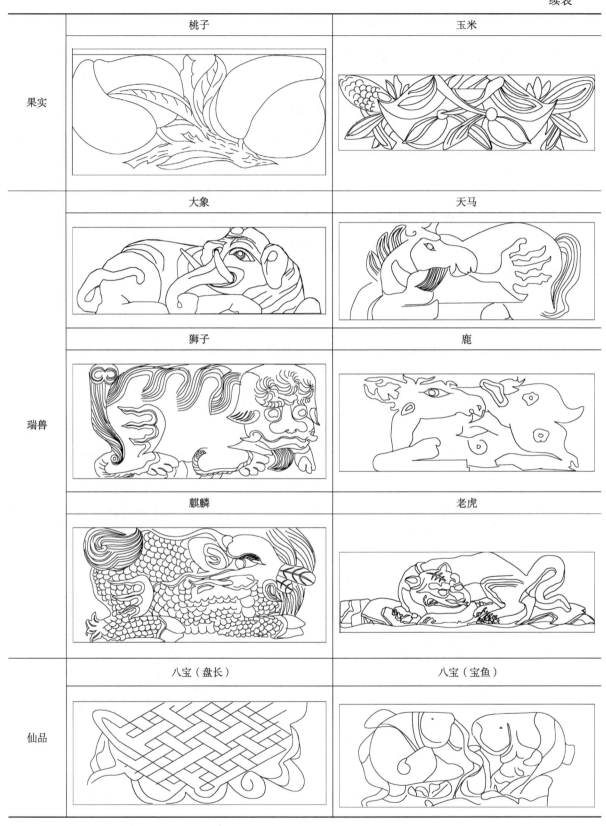

果实	桃子	玉米
瑞兽	大象	天马
	狮子	鹿
	麒麟	老虎
仙品	八宝（盘长）	八宝（宝鱼）

1. 荷花

荷花在中国文化中被尊称为神圣净洁之花，人们视它为清白、高洁的象征。周敦颐在其

丝路甘肃建筑遗产研究：兰州传统建筑木作营造技术

名篇《爱莲说》称它"出淤泥而不染",又有李白名句"清水出芙蓉,天然去雕饰"。荷花的"荷"与"和"谐音,寓意祥和吉利。荷叶墩上有较多采用,通过对荷花饰样的运用,寄托了人们对美好生活的向往。

2. 白菜

白菜,从谐音的角度看,与"百财"同音,有吉祥如意、招财进宝之意;从颜色的角度来看,白菜叶子白绿相间,寓意清清白白,做人光明正大;从外形的角度来看,它的叶子层层包裹,寓意包你发财,财源滚滚;从生活的角度来看,白菜易于生长,产量也高,有着蓬勃向上,年年丰收的美好寓意。

3. 果实

荷叶墩上常见的果实种类有石榴、杏子、桃子等水果,象征着果实累累,丰收满满。在中国传统文化中,视石榴为吉祥物,常借石榴多籽,祝愿子孙繁衍传续,家族兴旺昌盛;除此之外,石榴花颜色鲜艳,寓意红红火火,包含着人们对生活和事业蒸蒸日上的美好追求。杏,与"幸"谐音,象征生活幸福美满。桃子是吉祥长寿的象征,古人认为桃子是天上仙人才能享有的,以王母娘娘的蟠桃宴最具代表,因此桃子又名仙桃、寿果,《西游记》第五回中就说"人吃了与天地齐寿,日月同庚"。

4. 瑞兽

瑞兽主要包括大象、海马、狮子、犀牛和老虎。象,和"祥"谐音,象征吉祥如意,又因为大象寿命较长,也有长寿健康之意;海马,上古神话中的一种瑞兽,被称为落龙子,有上天入海之神通,象征着吉祥富贵;狮子,天生具备王者之气,是地位与尊严的象征,也是智慧与力量的化身;牛,有勤劳致富,风调雨顺的美好寓意;老虎,被誉为"百兽之王",是正义、勇猛、威严的象征。

5. 慧尊仙品

尊者,佛教谓"德、行、智具,可尊之者",泛指有大智慧的高僧,民间多用十八罗汉的形象。五泉山浚源寺大雄宝殿荷叶墩饰以十六尊罗汉,四开间,每开间各置三尊,檐廊两侧各两尊,总共十六尊罗汉,故称为"十六尊者"。

仙品是佛前的供器和装饰供品,常见灵芝、八宝等。灵芝自古就有"神芝"和"仙草"之称,有补气安神之功效,药用价值较高,是富贵祥瑞之物,象征着吉祥如意,祥瑞长寿,寄托着人们对平安幸福的美好向往之情。

八宝纹样有"道八宝"和"佛八宝"之分,分别用于道家和佛家不同宗教的建筑中。"道八宝"由八仙手持的扇子、渔鼓、荷花、葫芦、剑、花篮、横笛、玉板这八大法器组成,又名"暗八仙",这八件法宝分别代表了男、女、老、少、富、贵、贫、贱。扇子为钟离汉的器物,有可起

表5-3-5　十六尊慧示意图统计表

死回生之功效；渔鼓为张果老的法器，能占卜凶吉；荷花为何仙姑的器物，能修身养性；葫芦为李铁拐的器物，可救济众生；宝剑为吕洞宾的器物，可镇妖驱魔；花篮为蓝采和的器物，能广通神明；横笛为韩湘子的器物，能使万物滋生；玉板为曹国舅的器物，可净化环境。"佛八宝"由法轮、法螺、宝伞、宝幢、莲花、宝瓶、宝鱼、盘长这八种佛家器物组成，又叫"八吉祥"。法轮，有圆满之意，法螺，有妙音吉祥，降服妖魔之意；宝伞，能遮挡风雨，有去除魔障，清净吉祥之意；宝幢，由印度军旗演变而来，象征战胜邪魔，解脱心灵；莲花，有洁净和智慧之意；宝瓶，象征圆满，灵魂永生不死；宝鱼，双鱼，吉祥的象征；盘长，又叫"吉祥结"，象征吉祥如意[①]。

（二）尺寸权衡

荷叶墩简单而言就是一方木，因位于檐下，为了强化立面效果而饰以雕刻。荷叶墩的尺寸受到檐枋和梁的尺度影响。一般情况下，荷叶墩的高度小于檐枋和梁的截面高度，与檐枋的比值为0.6～1；与梁的比值为0.4～1。荷叶墩因为要承托平枋之上的荷载，因此需要一定的厚度和广度，而且广高比多为2：1～3：1（表5-3-6）。

表5-3-6　荷叶墩尺寸权衡表

位置	高度	广度	檐枋或梁截面高度	截面高度比	广高比	图示	备注
位于开间方向	195mm	440mm	245mm	0.8/1	2.26/1		白塔山一台大殿檐枋上部
	235mm	475mm	360mm	0.65/1	2.01/1		白塔山二台牌楼檐枋上部
	230mm	660mm	350mm	0.66/1	2.87/1		白塔山三台大殿檐枋上部
	300mm	900mm	310mm	0.97/1	3.0/1		青城镇罗家大院正房檐枋上部
	190mm	500mm	300mm	0.63/1	2.63/1		金崖镇周家祠堂一进大殿檐枋上部

---

① 王丹. 东北地区明清建筑木作雕饰图案的考证与研究［D］. 沈阳理工大学，2019：39-40.

第五章　木作雕饰

位置	高度	广度	檐枕或梁截面高度	截面高度比	广高比	图示	备注
位于开间方向	255mm	525mm	250mm	1.02/1	2.06/1		金崖镇周家祠堂二进大殿檐枕上部
位于进深方向	250mm	520mm	260mm	0.96/1	2.08/1		白塔山一台大殿梁上部
	150mm	415mm	370mm	0.4/1	2.77/1		白塔山二台牌楼梁上

（三）工艺做法

通过荷叶墩上下所承接的梁、枕、担等构件的水平距离，来确定荷叶墩的高度，然后通过荷叶墩的高宽比的构图关系确定荷叶墩的宽度。选择尺寸合适的木料，首先将纹样图案用纸拓印或者画在木料上，用削刀进行粗加工；其次在镂空的地方用独锯子锯出大致轮廓；最后用削刀进行细致刻画，使纹样达到纹理清晰，明暗分明，栩栩如生的效果。荷叶墩刻好之后，在其上下各用一个木销子锚固在梁枕等相应构件上。

三、雀替

宋《营造法式》将雀替称为绰幕，雀替通常位于建筑梁架结构水平构件与垂直构件的连接部位，增强构件间的拉结作用，提高构件的抗剪能力，同时起到一定的装饰作用。兰州地区的雀替有花牙子、通口牙子和圈口牙子之分，跨度小于柱距的为花牙子，跨度与柱距等宽的为通口牙子，跨度与柱距等宽且将柱与枕进行围合的叫圈口牙子。

（一）饰样类型

雀替最常见的纹样类型为汉纹和云子，两者对应的纹样做法叫格牙子和倒搭云子。在一些规模较大的建筑中，也有采用龙纹样的雀替，刻有双龙戏珠的主题，常见于通口牙子和圈口牙子上（表5-3-7）。

（二）尺寸权衡

雀替不同于花板，需要一定的厚度承重，目的是减少梁、枋的跨距，增加梁头的抗剪能力。

丝路甘肃建筑遗产研究：兰州传统建筑木作营造技术

表5-3-7　雀替饰样类型示意

式样类型	图示	备注
汉纹饰样	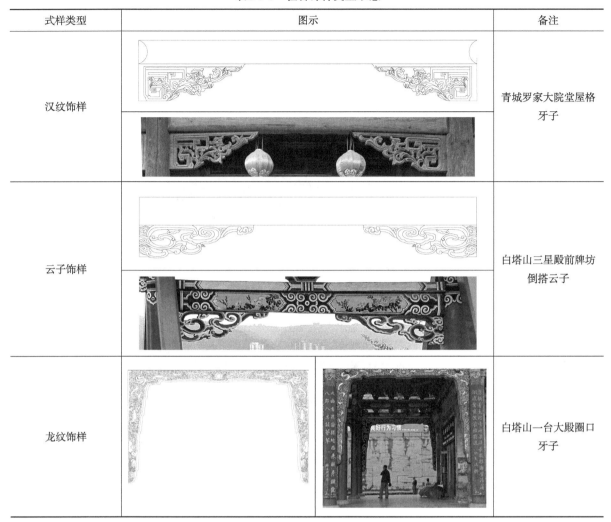	青城罗家大院堂屋格牙子
云子饰样		白塔山三星殿前牌坊倒搭云子
龙纹饰样		白塔山一台大殿圈口牙子

通常厚度为3～8cm。雀替的长宽高度与柱高和柱距有关，花牙子和通口牙子的高度约为柱高的十分之一，圈口牙子高度约为柱高的1/3～2/3；牌坊由于柱子普遍较高，所以雀替的高度约为柱高的十五分之一；长度方面，圈口牙子和通口牙子与柱净距等宽，单片花牙子约为柱净距的三分之一（表5-3-8）。

表5-3-8　雀替尺寸权衡表　　　　　　　　　　（单位：mm）

类型	雀替高度	柱子高度	雀替宽度	柱净距	图示	备注
花牙子	230	3220	830	2460		白塔山三星殿前牌坊
	二者比值1/14		二者比值1/2.96			

类型	雀替高度	柱子高度	雀替宽度	柱净距	图示	备注
花牙子	480	4650	1405	4480		青城罗家大院堂屋
	二者比值 1/9.69		二者比值 1/3.19			
	385	3850	1330	3900		五泉山庄严寺三台大殿
	二者比值 1/10		二者比值 1/2.93			
通口牙子	395	3930	2700	2700		金崖镇周家祠堂一进大殿
	二者比值 1/9.95		二者比值 1/1			
	575	5300	3540	3540		白塔山三台大殿
	二者比值 1/9.22		二者比值 1/1			

类型	雀替高度	柱子高度	雀替宽度	柱净距	图示	备注
圈口牙子	2860	4520	4630	4630		白塔山一台大殿
	二者比值2/3.16		二者比值1/1			
	1445	3615	1310	1310		五泉山庄严寺一台大殿
	二者比值1/2.5		二者比值1/1			

（三）工艺做法

透雕和浮雕是雀替的主要雕刻技法，构件要求薄时，需要一次雕刻成型，然后用直榫固定在梁柱构件上；但构件要求厚时，由于木料太厚会导致雕刻难度增大，工时耗费增加，匠人通常采用两到三层薄木料相叠加的方法分层加工，来组成一组完整的雀替。将雕刻好纹样的木料置于上层或两侧，将一块平整的木料置于下层或中间层，然后叠合在一起，形成一组较厚的雀替，最后用直榫安装在梁柱构件上，白塔山一台大殿的雀替采用的就是这种方法；有些雕饰纹样会凸出雀替基准面较多，如龙头形纹饰，在基准面上直接雕刻又有一定难度，通常将龙头构件预先单独雕刻好，然后安装在雀替的相应位置，并继续对纹样细部做进一步的雕琢，构成完整的雀替纹样，如白塔山三台大殿的雀替纹饰。

四、花板

兰州地区花板的使用位置较为广泛，主要位于檐檩下两相邻的云头梁之间、两个相邻的拱子之间，以及两个相邻的荷叶墩之间；花板不仅有较强的装饰作用，而且对构件起到一定的拉结作用，增强建筑的层次感和整体感。

（一）饰样类型

花板的饰样类型较为多样，主要以云纹和汉纹为主，规模较大的建筑还饰有八宝、四君子、谷物、蝙蝠等不同饰样（表5-3-9）。

表 5-3-9　花板饰样类型

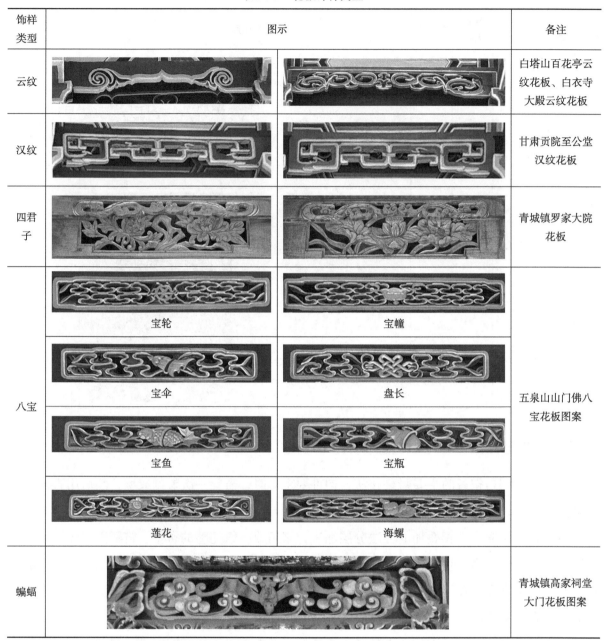

饰样类型	图示	备注
云纹		白塔山百花亭云纹花板、白衣寺大殿云纹花板
汉纹		甘肃贡院至公堂汉纹花板
四君子		青城镇罗家大院花板
八宝	宝轮　宝幢 宝伞　盘长 宝鱼　宝瓶 莲花　海螺	五泉山山门佛八宝花板图案
蝙蝠		青城镇高家祠堂大门花板图案

（二）尺寸权衡

花板的高宽比主要与其所处部位关系紧密（表 5-3-10）：位于相邻两云头梁之间的花板高宽比较小，其比值小于 1/5；位于两荷叶墩之间和两栱子之间的花板高宽比相对较大，接近于 1/5。各个部位的花板厚度差异不大，在 20mm 左右，且大多数花板的宽度占所在开间的 3/10。

表 5-3-10　不同部位花板尺寸权衡表　（单位：mm）

花板位置	高度	宽度	高宽比	开间尺寸	宽度/开间	备注
相邻两云头梁之间	60	860	1/14	2950	3/10	青城罗家大院倒座
	140	990	1/7	3200	3/10	金崖周家祠堂一进大殿

花板位置	高度	宽度	高宽比	开间尺寸	宽度/开间	备注
两拱子之间	100	800	1/8	2670	3/10	青城高家祠堂过厅一
	190	860	1/4.5	2950	3/10	青城罗家大院倒座
	150	990	1/6.6	3200	3/10	金崖周家祠堂一进大殿
两荷叶墩之间	180	940	1/5.2	3200	3/10	金崖周家祠堂一进大殿
	190	930	1/4.9	3300	2.8/10	白塔山一台大殿
	180	1160	1/6.4	4500	2.6/10	白塔山二台牌楼

（三）工艺做法

兰州地区花板的做法与雀替做法如出一辙，由于其厚度较薄，更容易做出通透的效果，所以透雕是最为主要的雕刻技法，对于规模相对较小的建筑中，也有采用浅浮雕或者线刻做法的，例如白塔山百花亭檐檩下两云头梁之间的云纹花板。

第四节　门　窗

门窗是分隔建筑室内外空间的重要围护结构，具有通风采光、防寒保暖的作用，因此有较大的灵活性。因为门窗的基本组成构件较多（图5-4-1），其装饰纹样也会根据构件特点的变化而呈现多样性，兰州地区常用的门窗类型及特点如下：

图5-4-1　门窗各个构件示意图（白塔山葫芦阁）

一、门窗的类型及组成构件

（一）门的类型

门主要包括全板门、装心子门、上心子门和槅扇门四类（表5-4-1）。其中全板门的组成构件较为简单，主要为门板和背桄组成；装心子门和上心子门相对于全板门，增加了木边框构件；槅扇门的组件较为复杂，包括外框、枋心子和镶板。外框是门的主要框架，横向为抹头，竖向为边梃；枋心子安装在外框的上部，即槅扇心，通秀灵动，具有通风采光的作用；裙板位于外框下部，为一块平面隔板，厚度小于外框；镶板位于外框的下部，由门心板和夹挡板门组成。门心板即裙板，是安装在外框下部的隔板，夹挡板即绦环板，是安装在相邻两根抹头之间的小块隔板[①]。夹挡板是槅扇中雕饰纹样最为丰富的组成构件。

表5-4-1　四种门类型示意

门类型	全板门		装心子门	
图示	木桄 门心板 木桄		门心板 木桄 边条 抹头	
特征	门板为一整块木板，木板后面横穿两根木桄，起到加固木板的作用		首先在四周的门边框上起槽，然后安装门心板，板后面横穿木桄，门心板平面低于边框平面	
门类型	上心子门		槅扇门	
图示	门心板 木桄 边条 抹头		立条　臥条　交条 上抹头 边条 枋心子 夹挡板 门心板 下抹头	
特征	门心板和四周的门边框在同一平面，门心板背后用木桄横穿		槅扇门的镶板上面带有不同纹饰，外框的线脚也丰富多样	

（二）槅扇门

　　槅扇门常见于建筑规模较大的大殿或正房中，类型多样（表5-4-2）：槅扇和槛窗按横抹头数区分类型，有四抹槅扇、五抹槅扇和六抹槅扇等，一般的规律是建筑规模较大时抹头数较多，建筑规模较小时则抹数较少。

　　① 马炳坚. 中国古建筑木作营造技术［M］. 北京：科学出版社，2016：276-277.

表 5-4-2　槅扇门类型

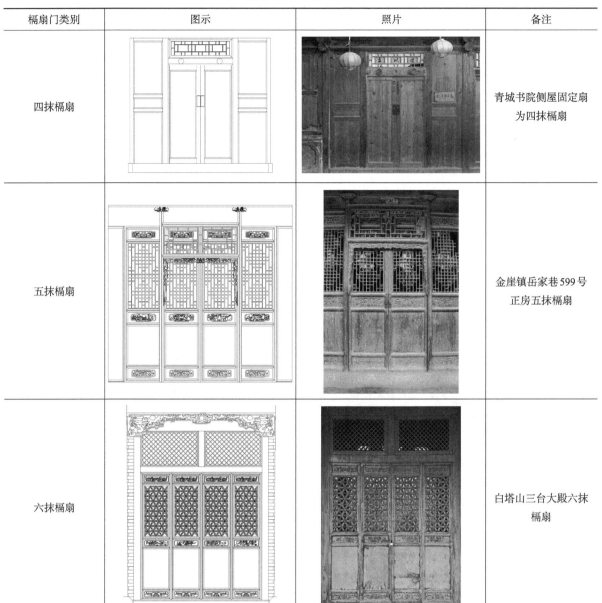

槅扇门类别	图示	照片	备注
四抹槅扇			青城书院侧屋固定扇 为四抹槅扇
五抹槅扇			金崖镇岳家巷599号 正房五抹槅扇
六抹槅扇			白塔山三台大殿六抹 槅扇

（三）窗的类型

常见的窗户类型主要包括槛窗、横陂窗、牖窗和支摘窗等（表5-4-3）：槛窗是一种槅扇窗，与槅扇门相似，包括边框、槅心、裙板和绦环板等构件；横陂窗，又叫障日板，位于中槛和上槛之间，一般为固定扇，由外框和仔屉组成，有软樘和硬樘两种做法；牖窗，开在墙面上，形式多样，也是由外框和仔屉组成；支摘窗在民居建筑中使用较多，位于槛墙之上，上下分为支窗和摘窗，支窗可以支撑开启，达到通风采光的目的，摘窗可以一般固定在窗框上①。

---

① 李永革，郑晓阳. 中国明清建筑木作营造诠释［M］. 北京：科学出版社，2018：93-97.

表 5-4-3　窗的常见类型

窗户类别	槛窗	横陂窗
照片		
备注	五泉山庄严寺二台大殿梢间槛窗	软樘：五泉山浚源寺大雄宝殿横陂窗 硬樘：白塔山三台大殿横陂窗
窗户类别	牖窗	支摘窗
照片		
备注	五泉山太昊宫入口处牖窗	青城镇罗家大院耳房支摘窗

二、门窗的纹样类别

综合来看，全板门、装心子门和上心子门等三种门的装饰较为简单，各构件饰面仅做简单的刨光与上漆处理，纹样雕刻运用较少；槅扇门的装饰较为复杂，门外框有多层线脚，层次感较为丰富，雕饰纹样主要集中在枋心子、夹挡板和裙板上，精美细腻，工艺精湛。

（一）枋心子

枋心子的饰样类型主要以几何图案为主，不同的图案类型有不同的适用等级，其中三交六椀等级最高，一般出现于大殿或者正房之中，其他图案等级次之，常见有龟背锦、拐子锦、灯笼锦、套方、福字、菱形、冰裂纹等（表5-4-4）。

表5-4-4　枋心子饰样类型

纹样类别	图示		备注
三交六椀			直棂与斜棂相交后组成六个等边三角形，这六个三角形相交组成一朵六瓣菱花，交点为圆形，是棂花样式中等级最高的一种[1]。案例如白塔山三台大殿所使用的槅扇
龟背锦			以八角或六角为基本图形，组合成龟背纹形式的图案，寓意健康长寿。案例如五泉山庄严寺一台、二台大殿所使用的槅扇
拐子锦			直棂相互转90°拐弯连接，相互对称，形成拐子锦图案。案例如庄严寺三台大殿所使用的槅扇
套方			运用正方形与矩形相互穿套构成图案，有较强的对称性。案例如罗家大院正房所使用的槅扇

① 滕学荣，高娣，杨琳. 恭王府门窗装饰纹样的艺术内涵研究［J］. 美术研究，2019，（2）：116-119.

纹样类别	图示	备注
灯笼锦		运用直棂呈井字形搭交关系，中间搭配团花、卡子花等棂花，构成简化的灯笼图案。象征着喜庆与吉祥，案例如罗家大院倒座所使用的槅扇
双胜如意		运用长短不同的直棂，构成棋盘式的图底，有"如意"之意；过节之时，多贴"福"字图案，寄托着对美好生活的向往。案例如罗家大院、金崖岳家巷599号所使用的福字格槅扇
三连如意		
万字		运用长短不同的直棂，构成"卐"字符，这些"卐"字符相互连接或者对称布置形成流畅的图案。案例如兴隆山三官阁所使用的槅扇

纹样类别	图示	备注
菱形		运用长度不同、倾斜角度相同的斜棂，构成菱形图案，且各种菱形互为相似菱形，对称排列。案例如青城书院过堂所使用的槅扇
马三箭		运用三组水平直棂将槅扇分为五部分。案例如白塔山三官殿正殿、厢房槅扇和三星殿正殿所使用的槅扇
冰裂纹		因其纹样如冰破裂，层层叠叠，大小不一而称之。案例如青城书院山门、五泉山太昊宫入口所使用的窗扇
棋盘		运用直棂构成正方形图案，然后进行阵列形成棋盘图案。案例如金崖镇黄家祠、青城高家祠堂厢房、金崖镇岳家巷491号宅、599号宅所使用的窗扇

第五章 木作雕饰

纹样类别	图示	备注
双棋盘	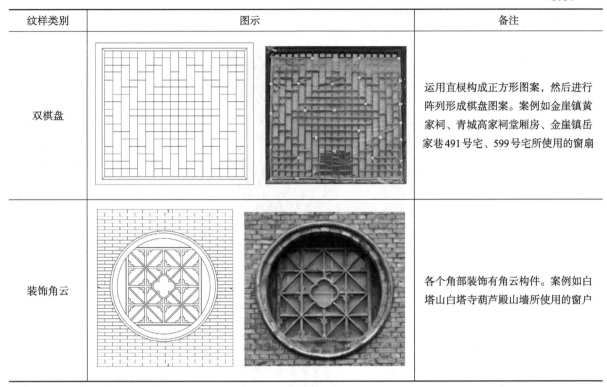	运用直棂构成正方形图案，然后进行阵列形成棋盘图案。案例如金崖镇黄家祠、青城高家祠堂厢房、金崖镇岳家巷491号宅、599号宅所使用的窗扇
装饰角云		各个角部装饰有角云构件。案例如白塔山白塔寺葫芦殿山墙所使用的窗户

（二）夹挡板

　　夹挡板纹样主要包括几何图案、植物图案、瑞兽图案、器物图案和吉祥字符图案等五大类：几何图案（表5-4-5）是一种较为简单的图案，运用三角形、矩形、菱形等几何形体，通过重复、阵列、镜像等组合方式构成纹样；植物图案（表5-4-6）主要有梅、兰、竹、菊等花卉和柿子、桃子、石榴、佛手等水果，都是蕴含美好寓意的吉祥图案；瑞兽图案（表5-4-7）主要包括龙、凤、鹿、鹭鸶等象征祥瑞的兽禽；人物故事与器物图案（表5-4-8）主要有古代民间传说题材的纹样，包括八宝和博古图案；吉祥字符图案（表5-4-9）包括云纹、汉纹、福禄寿等有吉祥寓意的纹样。

表5-4-5　夹挡板几何图案饰样类型

几何图案	照片	备注
圆角	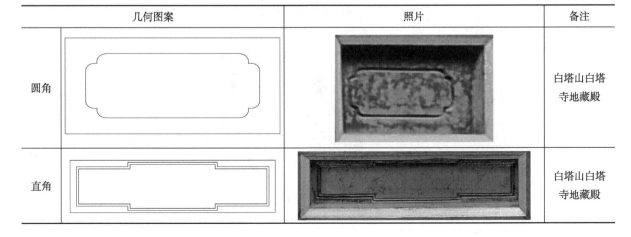	白塔山白塔寺地藏殿
直角		白塔山白塔寺地藏殿

表5-4-6　夹挡板植物图案饰样类型

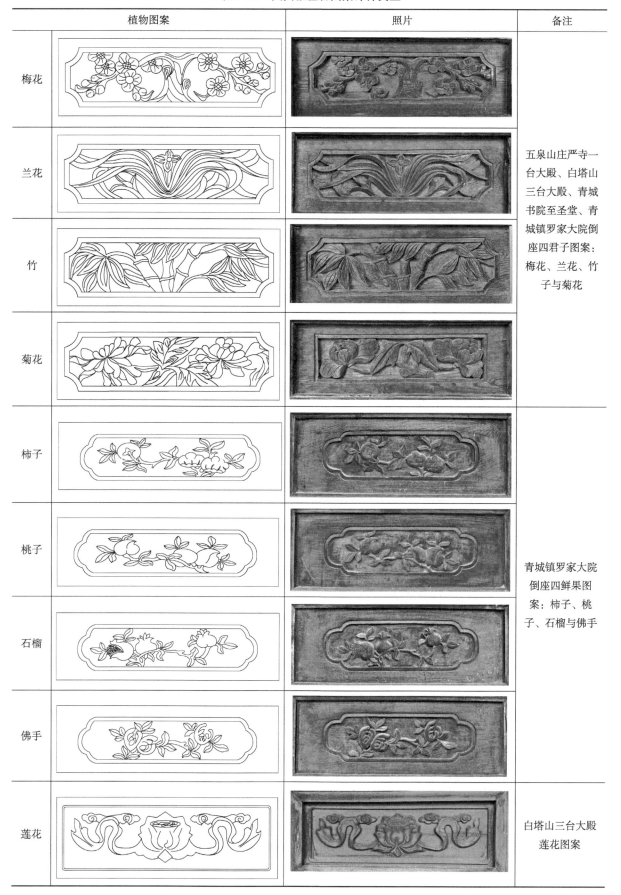

植物图案	照片	备注
梅花		
兰花		五泉山庄严寺一台大殿、白塔山三台大殿、青城书院至圣堂、青城镇罗家大院倒座四君子图案：梅花、兰花、竹子与菊花
竹		
菊花		
柿子		
桃子		青城镇罗家大院倒座四鲜果图案：柿子、桃子、石榴与佛手
石榴		
佛手		
莲花		白塔山三台大殿莲花图案

植物图案	照片	备注
莲叶		白塔山法雨寺罗汉殿莲叶图案

表5-4-7　夹挡板瑞兽图案饰样类型

瑞兽图案	照片	备注
龙		白塔山三台大殿双龙戏珠图案
仙鹤		五泉山浚源寺大雄宝殿荷花仙鹤图案
鹿		五泉山浚源寺大雄宝殿荷花与鹿图案

表5-4-8　夹挡板人物故事图案饰样类型

人物故事	照片	备注
博古		金崖镇岳家巷599号博古图案
八宝		白塔山白塔寺地藏殿八宝图案

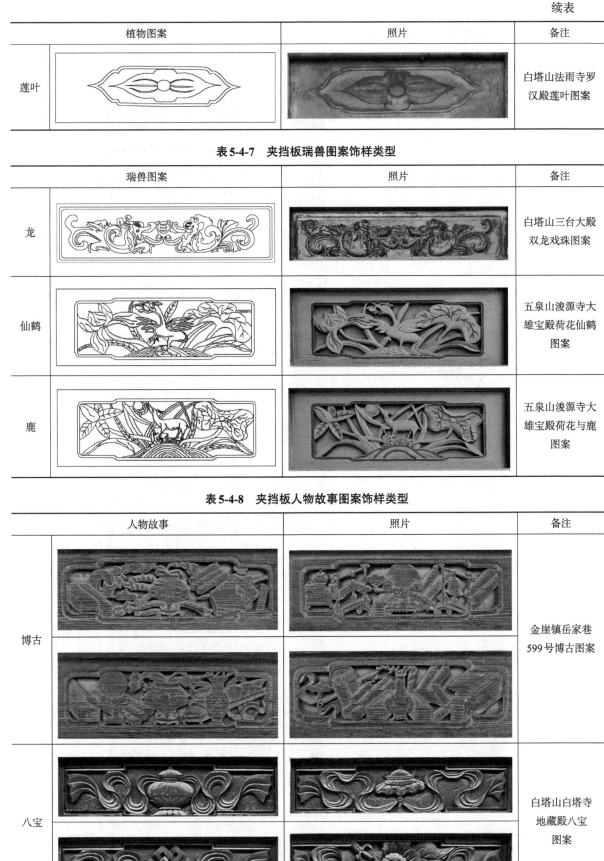

人物故事	照片	备注
八宝		白塔山白塔寺地藏殿八宝图案

表5-4-9　夹挡板吉祥字符图案饰样类型

吉祥字符	照片	备注
汉纹	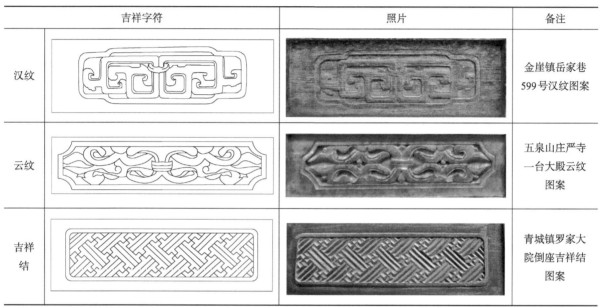	金崖镇岳家巷599号汉纹图案
云纹		五泉山庄严寺一台大殿云纹图案
吉祥结		青城镇罗家大院倒座吉祥结图案

（三）裙板

裙板，大多数为一块平整的木板，很少雕刻装饰纹样且装饰纹样类型较少，仅在白塔山等少数殿宇中见到（表5-4-10）。

表5-4-10　裙板饰样类型

纹样类型	如意	万字不到头	海棠
图示			
备注	白塔山法雨寺大雄宝殿、三官殿门窗裙板	白塔山云月寺大殿裙板	金崖镇白马大殿裙板

三、尺寸权衡

（一）槛、罩面枋、抱柱、窗台板

门窗的槛、罩面枋、抱柱、窗台板等构件皆与柱径存在一定比例关系（表5-4-11）：上槛和罩面枋看面宽度相同，约为柱径的1/2，进深方向厚度也相同，约为柱径的1/3到1/5；门槛尺寸相对较大，截面近似正方形，看面宽度与厚度为柱径的2/3；上槛、罩面枋和下槛长度相同，均为柱净距；下槛看面宽约为柱径的1/3，厚度约为柱径的1/5到1/3；抱柱厚为柱径的1/3，宽为柱径的2/3，长度接近槛长，为柱净距长度；窗台板长度略大于柱净距，看面宽为柱径的1/5到1/4，厚度根据墙厚而定，略厚于墙厚（构件名称见前文图5-4-1）。

表5-4-11　门窗尺寸权衡表1　　　　　　（单位：mm）

构件名称	宽（看面）		厚（进深）		长	柱径	备注
	尺寸	与柱径比值	尺寸	与柱径比值			
上槛	100	4.2/10	45	1.9/10	2720	240	白塔山白塔寺地藏殿
罩面枋	100	4.2/10	45	1.9/10	2720		
门槛	200	8.3/10	185	7.7/10	2720		
下槛	100	4.2/10	55	2.2/10	1640		
抱柱	160	6.7/10	45	1.9/10	2730		
窗台板	60	2.5/10	400	16/10	1720		
上槛	200	5.3/10	125	3.3/10	4125	375	五泉山庄严寺二台大殿
罩面枋	200	5.3/10	125	3.3/10	4125		
门槛	250	6.7/10	215	5.7/10	4125		
下槛	115	3.1/10	125	3.3/10	3520		
抱柱	280	7.5/10	125	3.3/10	3825		
窗台板	75	2/10	300	8/10	4045		

（二）夹挡板、裙板、抹头、边梃、棂条、槅扇心

门窗大部分构件同时也存在相应的比例关系（表5-4-12）：兰州地区槅扇夹挡板高宽比相对固定，为1/3或1/4，宽度为槅扇宽的8/10，厚度15～45mm，为边梃厚度的1/3或1/4；裙板接近于正方形，高宽比约为1/1，看面宽度和厚度与夹挡板相同；槅扇心高宽比接近2/1，宽为槅扇宽的8/10，高为槅扇高的4/10；抹头和边梃看面宽为槅扇宽的1/10，四周有一到三层线脚，线脚厚度为3～5mm；棂条看面宽10～15mm，截面尺寸为正方形或者矩形，矩形截面厚度为看面宽的1～5倍。

丝路甘肃建筑遗产研究：兰州传统建筑木作营造技术

表 5-4-12　门窗尺寸权衡表 2　　　　　　　　　　　（单位：mm）

构件名称	宽（看面）	高（看面）	厚（进深）	槅扇高	槅扇宽	备注
夹挡板	480	120	15	2250	600	白塔山白塔寺地藏殿
	高宽比 1/4			高宽比 3.75/1		
裙板	480	575	15			
	高宽比 1.2/1					
槅扇心	480	935	15			
	高宽比 1.9/1					
抹头	60	/	55			
边梃	60	/	55			
棂条	15	/	15			
夹挡板	765	255	45	2770	885	五泉山庄严寺二台大殿
	高宽比 1/3			高宽比 3.1/1		
裙板	765	515	45			
	高宽比 0.67/1					
槅扇心	765	1235	45			
	高宽比 1.6/1					
抹头	60	/	125			
边梃	60	/	125			
棂条	10	/	45			
夹挡板	400	130	15	2140	500	白塔山法雨寺西殿
	高宽比 1/3			高宽比 4.3/1		
裙板	400	410	15			
	高宽比 1/1					
槅扇心	400	1015	15			
	高宽比 2.5/1					
抹头	50	/	60			
边梃	60	/	60			
棂条	15	/	15			

第五章　木作雕饰

第五节 其他木饰

除了上述几节的构件的雕刻，还有一些只出现于部分建筑中，整体数量较少，有的饰样类型较为简单，有的尺寸较为固定，故将这些构件归类在一起。鸡架瓶用于规模较大的带檐廊的大殿或双排柱的牌楼中，其他类型建筑较为少见；博风板常用于歇山和悬山建筑中，其他建筑中较为少见；加马和典云式样类型较为简单，多以云纹为基础；垂柱在兰州地区使用较为多样，多在端头进行刻画，并且题材也较为丰富。

一、鸡架瓶

鸡架瓶大多位于檐下部位，上承云头梁，下接鸡架梁，具有装饰和承托的双重功能，其饰样类型丰富，大多数饰有美好寓意的植物和动物，如梅兰竹菊等四君子植物；还有一部分饰有自然景物，例如大海、祥云等（表5-5-1）。

表5-5-1　鸡架瓶饰样类型

饰样类型	图示	照片	备注
植物			白塔山一台大殿、二台牌楼
动物			白塔山三台大殿

饰样类型	图示	照片	备注
自然景物	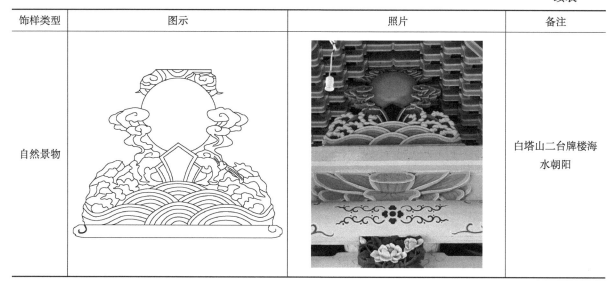		白塔山二台牌楼海水朝阳

二、加马

加马即角背，位于横梁之上，左右支撑瓜柱，不仅增强其稳定性，而且有一定的装饰作用；加马饰样类型主要为云纹，其中一部分加马有两块木料组成，上层木料饰云纹，下层垫一块方木，组合起来增强加马的稳定性，如榆中青城书院；还有一部分加马做法相对简易，饰面无雕刻，只将加马的外轮廓装饰为云纹的形式（表5-5-2）。

表5-5-2　加马饰样类型

白塔山一台大殿	青城高家祠堂	青城书院
五泉山庄严寺	金崖周家祠堂	金崖郑家祠堂

151

第五章　木作雕饰

三、博风板

博风板常用于歇山建筑和悬山建筑上面，安装于檩条端头，伸出山墙面一定距离，起到遮风挡雨，保护山面及檩条的作用；博风板下部端头常用云纹装饰，增强山面的美观度（表5-5-3）。兰州地区博风板宽度一般为30～50cm，厚度2～4cm，长度尺寸不定，根据建筑进深而定。

表5-5-3　博风板饰样类型

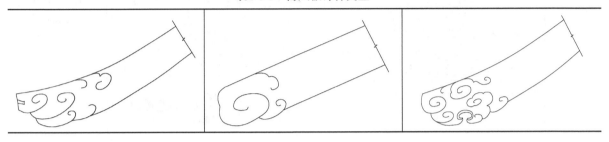

四、典云

典云是悬鱼的别称，与屋顶正脊相互垂，悬垂于博风板之下，厚度同博风板，左右对称，形似一条鱼。典云的构图元素多为云纹（表5-5-4）。

表5-5-4　典云式样类型

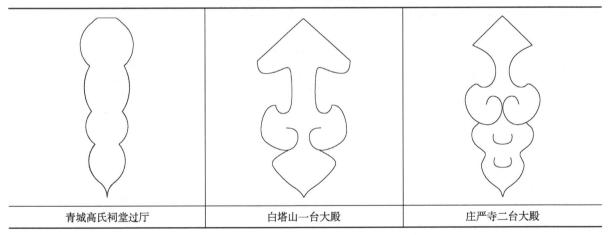

青城高氏祠堂过厅	白塔山一台大殿	庄严寺二台大殿

五、垂柱

垂柱分布位置较为广泛，不同位置垂柱的名称也有所差异：位于大殿檐口处角梁下的垂柱，称为桨柱子；位于院门和大殿开间方向的垂柱，称为垂花柱；位于亭子四周的垂柱，称为井口垂；位于亭子中心的垂柱，称为关心垂。不同建筑中垂柱柱径相差不大（除关心垂柱径相对较大），大多为10～15cm。

垂柱柱头装饰图案较为多样，常饰有正四边形、正六边形等多边形图案，桃子、佛手、石榴、柿子、葡萄等水果图案以及莲花图案几种类型（表5-5-5）。

表5-5-5　垂柱饰样类型

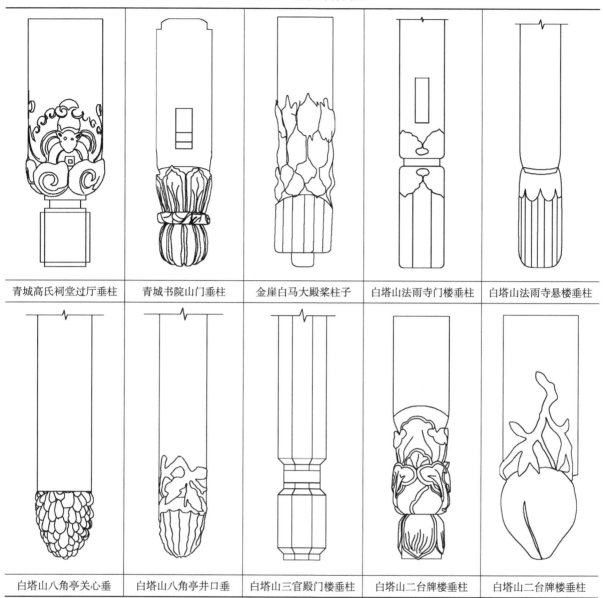

青城高氏祠堂过厅垂柱	青城书院山门垂柱	金崖白马大殿桨柱子	白塔山法雨寺门楼垂柱	白塔山法雨寺悬楼垂柱
白塔山八角亭关心垂	白塔山八角亭井口垂	白塔山三官殿门楼垂柱	白塔山二台牌楼垂柱	白塔山二台牌楼垂柱

153

第五章　木作雕饰

参 考 文 献

［1］ 赵鑫宇. 兰州历史时期城市儒、释、道及民间宗教场所建筑研究［J］. 地域文化研究，2018，（4）：93-103.

［2］ 陈华. 兰州五泉山古建筑群研究［D］. 西安：西安建筑科技大学硕士论文，2009.

［3］ （清）张国常：《重修皋兰县志》卷16《祀典》. 兰州：陇右乐善书局、甘肃政报局，1917.

［4］ 邓明. 兰州史话［M］. 甘肃：甘肃文化出版社，2005.

［5］ 1947年"和平日报兰州社"编印的一本宣传小册，介绍了兰州的历史沿革、区域简图、交通情形、名胜古迹、著名物产、风土人情等。

［6］ 马炳坚. 中国古建筑木作营造技术（第2版）［M］. 北京：科学出版社，2003.

［7］ 马炳坚. 中国古建筑木作营造技术［J］. 古建园林技术，2003，（2）：62-64，15.

［8］ 卞聪，叶明晖. 兰州地区传统建筑法式研究——以殿式建筑为例［J］. 建筑学报，2019，（9）：98-103.

［9］ 李江，吴葱. 歇山建筑结构做法分类与屋顶组合探析［J］. 建筑学报，2010，（S1）：106-108.

［10］ 北京市第二房屋修缮工程公司古建科研设计室. 明清建筑翼角的构造、制作与安装［J］. 古建园林技术，1983，（1）：8-20.

［11］ 唐栩. 甘青地区传统建筑工艺特色初探［D］. 天津：天津大学硕士论文，2004.

［12］ 韦斐. 民居建筑的坡屋顶组合形式研究［J］. 建筑与环境，2007，（5）：131-134.

［13］ 李江. 明清甘青建筑研究［D］. 天津：天津大学硕士论文，2007.

［14］ 郭明友. 中国古"亭"建筑考源与述流［J］. 沈阳建筑大学学报（社会科学版），2012，（4）：358-362.

［15］ 张丹丹. 北京故宫亭类建筑的大木构造特征研究［D］. 北京：北京建筑大学硕士论文，2019.

［16］ 汤崇平编著；马炳坚主审. 中国传统建筑木作知识入门——传统建筑基本知识及北京地区清官式建筑木结构、斗栱知识［M］. 北京：化学工业出版社，2016.

［17］ 马炳坚. 六角亭构造技术（一）［J］. 古建园林技术，1987，（4）：7-19.

［18］ 梁思成. 梁思成文集·二［M］. 北京：中国建筑工业出版社，1982.

［19］ 卞聪. 兰州地区传统建筑大木营造研究［D］. 兰州：兰州理工大学硕士论文，2019.

［20］ 李晶晶. 河州白塔寺川传统建筑营造技艺中的斗栱做法研究［J］. 古建园林技术，2019，（3）：28-33.

［21］ 郭华瑜. 论明代建筑之斗栱用材等级［J］. 华中建筑，2004，（5）：131-132.

［22］ 梁思成. 清式营造则例［M］. 北京：清华大学出版社，2006.

［23］ 张十庆. 《营造法式》变造用材制度探析［J］. 东南大学学报（自然科学版），1990，（10）：8-14.

［24］ 张十庆. 《营造法式》变造用材制度探析（Ⅱ）［J］. 东南大学学报（自然科学版），1991，（6）：1-7.

［25］ 高梅. 北京四合院的雕刻装饰艺术［J］. 中华民居，2011，（10）：80-89.

［26］ 高阳. 中国传统装饰艺术课程教学研究与探索［J］. 美术大观，2009，（10）：188.

［27］ 徐文富. 仙作木作材料和雕刻技艺初探［J］. 东京文学，2014，（11）：71.

［28］ 李晶晶. 河州白塔寺川传统建筑木雕纹样研究［J］. 艺术评论，2017，（7）：141-144.

丝路甘肃建筑遗产研究：兰州传统建筑木作营造技术

附录一 释 名 辞 解

（一）斗栱

1. 摆彩：木构建筑中配置斗栱称为摆彩，其中"彩"意为"斗栱"，与清官式斗栱做法中的"踩"同义。

2. 栱子：兰州地区的栱子有两种含义：①不设担子的简单的斗栱形式；②作为斗栱中出跳构件，类似于翘部分的构架，起承重子桁作用。

3. 担子：兰州地区的担子有两种含义：①专指一斗两升的简单斗栱形式；②与栱子相交的构件，起拉结条枋作用。

4. 升：栱、担端头承托栱、担、枋的方形木块，是清官式斗、升构件的统称。

5. 狼牙："昂"的称谓，位于前后中线，向前后纵向伸出贯通斗栱里外跳且前端加长，并有尖斜向下垂，后尾向上。

6. 单彩：柱头科与平身科统称为单彩，其中平身科斗栱还称为"破间斗栱"。

7. 角彩：角科，即角柱上的斗栱称为"角彩"。

8. 鸡爪子栱子：转角处的栱子，在建筑檐面、山面及45°方向同时出跳一步或两步栱子。

9. 出彩：栱子和担子自中心线向外或向里伸出叫作出彩，通官式中的"出踩"或"出跳"。

10. 天罗伞：攒尖类建筑连接关心垂的串联构件，实为多角多层斗栱，有六角、八角、十角等，兰州地区又称蜂儿窝或一窝儿蜂。

11. 条枋：穿枋构件的统称，指担子上所串联拉结的构件，与桁平行，亦称压条。

12. 云头：结构与要头相似，纵向出跳构件，与条枋相交，前后端头雕刻成云纹而得名。

13. 托彩栱子：斗栱上层的纵向构件，常与破间云头、挑桃组合，承托子桁和正桁。

14. 挑桃：破间斗栱最上一层的纵向构件，前端承托正桁，尾部向内挑起内檐梁枋。

15. 牙子：即花板，檐下构件，水平拉结栱子构件的长方形枋木板，雕刻有各种纹饰。有时也指花牙子雀替。

16. 正桁牙子：正桁条枋下拉结的牙子。

17. 子桁牙子：子桁条枋下拉结的牙子。

18. 两路斗栱：主要用于牌楼和牌坊檐下，两组栱子平行出挑，共用担子组成同一组斗栱。

19. 蜂窝：对天罗伞及多步破角方格彩等形似蜂窝的斗栱统称。

（二）柱

1. 檐柱：建筑物最外一列的柱子，多为木制，亦有石制者，以支承屋檐，有前后檐柱之分。

2. 金柱：檐柱内侧的柱子，多用于带外廊的建筑。除檐柱、中柱和山柱以外的柱子均称作金柱。依位置不同可分为前金柱与后金柱。

3. 金刚柱：柱的一种，多见于"减柱造"排架中，需要穿过梁支撑屋面，犹如金刚力士故此得名，戏台建筑的角柱常用。

4. 山柱：位于山墙正中，并且从山墙之内直顶屋脊的柱子。

5. 角柱：位于山墙两端角上的柱子。

6. 中柱：位于建筑物纵中线上并承托屋脊（不在山墙里面）的柱子。

7. 挂柱：也称瓜柱，位于两层梁架之间或梁檩之间的短柱，其高度略大于直径。

8. 垂柱：建筑中悬于半空中的短柱，均称为垂柱。

9. 雷公柱：攒尖顶宝顶下的悬空垂柱，柱的下端通常刻作垂莲状。

10. 关心垂：雷公柱的地方名称，特指天罗伞中央的垂柱，常雕成瓜形。

11. 开间垂：垂柱的一种，位于建筑檐面，与檐柱相对的悬挂式木柱，类似垂花柱。

12. 戗柱：牌坊建筑中常见的一种加固措施，即在牌楼建筑柱身前后斜向各插入一根柱子，起稳定加固的作用。

13. 井口垂：垂柱的一种，多见于攒尖类建筑中，挑桃和大角梁尾部共同作用向建筑内部悬挑的短柱，短柱间用搭交金檩和牙子拉结，形成类似井口的样子，故称井口垂。

（三）梁

1. 大梁：即大柁，梁架中最下层、最长的梁。

2. 二梁：即二柁，梁架中倒数第二层的梁。

3. 三梁：梁架中倒数第三层的梁。

4. 四梁：梁架中倒数第四层的梁。

5. 趴梁：平行于面阔方向的梁，主要用于承托山面的歇山梁和檩木。

6. 千斤牛：古建修缮时用到的一种构件，类似"千斤顶"的作用。

7. 万斤梁：趴梁在兰州地方的名称，用于歇山建筑中承托山面歇山梁和檩木的梁，有时也称作"柁"。

8. 鸡架梁：连接檐柱与金柱，平行于云头梁且置于下方，用以增强梁架的稳定性，类似随梁的作用。

9. 拱棚梁：也称拱棚梁子，紧贴于拱棚檩下的梁，类似于清卷棚建筑中的月梁，亦称作顶梁。

10. 扎梁：也称扎牵，类似于抱头梁，前端插入檐柱中，后尾插入金柱中。

11. 随梁：也称随梁枋，进深方向连接两柱间的横置枋木，紧贴在大梁之下。

12. 大角梁：即老角梁，梁身前部以正心桁相交处为支点，前端伸出，后尾交于斜梁、万斤梁上或悬挑垂柱等。

13. 底角梁：老角梁下部的梁，前端伸出短于大角梁。梁身以正心桁的相交处为支点，端头做龙口、虎口、云头状，前置一垂花，尾部多做"羊尾巴"状，常见于亭类建筑。

14. 云头梁：梁头搭在栱子上或托彩栱子上，承托子桁，位于柱头科上时，功能上类似挑尖梁；而置于平身科上时，与挑桃共同使用，类似于前出头的撑头木。

15. 斜云头梁：位于底角梁下部，前端作为角部斗栱的云头部分，后尾插入角金柱（垂柱）中，起稳定和支撑角部的作用，呈水平状。

16. 垫头墩子：位于云头梁上方，正桁下方，支撑正桁，增加檐口高度，短于云头梁。

17. 斜梁：即抹角梁，两端搭在补间铺作上，通常压在斜云头上，承托大角梁的尾部。

18. 身分斜梁：即非45°角度的抹角梁。

19. 大飞头：即仔角梁，置于大角梁上的梁，通过楂头垫支起翘。

20. 楂头：大角梁与大飞头之间的三角形垫木，其前端和大角梁前端相平，尾部与大飞头平齐，用于提高翼角高度。

21. 歇山梁：即踩步金，与下金檩相交，置于交金瓜柱上，其上置椽花，山面椽尾归于椽花中。

22. 卷棚梁：卷棚部分的平梁，承托拱棚部分。

23. 破间梁：进深大的建筑，为增加建筑的稳定性，每间之间多增设的梁。

24. 挑木：梁下未设置随梁时，在梁的两端衬出的短木，从柱中向内出挑跨度的1/3，高度大于梁高。

（四）枋

1. 杴：写作"杴"（本音 xiān，兰州方言读作 qiān），也写作"牵"，檐下的类额枋、随梁、顺梁等构件。亦有"轩"的叫法。

2. 替：兰州木匠写作"梯"，指随枋，起到替木的作用，应作替。在兰州做法中该类构件有时会省略，有时檐牵的下牵替会被雀替所替代。

3. 踏杴：两层杴中下层的杴称为踏杴。

4. 底子：功能上与替相同，多设置于杴的上下，仅有4～8cm厚，增加檐杴的高度。

5. 荷叶墩：檐下的受力构件，常置于檐杴、平枋之间，对上部的荷载有一定的支撑与传递作用，常雕刻成荷叶形状。

6. 塞口板：即栱垫板，在正心枋之下，平枋之上，两攒斗栱之间的垫板，通常做雕花处理。

7. 大、小平枋：与清官式建筑平板枋类似，大式带斗栱建筑，叠置于檐柱头和额枋之上的扁平木枋，因其上置斗栱，又称坐斗枋。根据截面高度分为大小平枋。

8. 正桁板：即正心枋，处于正心上的条枋。

9. 束腰子：荷叶墩的一种形式，形状似莲台，构件中间雕刻一条丝带束住莲花而得名。

10. 花板：斗栱中位于横栱位置的结合装饰与雕刻的木板。

11. 担：即大额枋，等级较高的建筑檐下做法中搁置在柱头上代替平板枋的构件，但大小平枋也并未省略，大担截面为圆形。

12. 蝴蝶垫板：即枕头木，为使飞椽上皮与角梁上皮齐平，在椽子下方垫三角形的木头，因形似蝴蝶羽翼而得名蝴蝶垫板。

13. 井口牵：井口垂拉结的牵替。

14. 装修板：门窗的填充板统称为装修板。

（五）檩、桁、椽

1. 檐檩：小式大木中位于檐柱轴线位置的檩。

2. 槽檩：即拱棚檩，多做重檩。

3. 脊檩：正脊下的檩，称为脊檩。

4. 扶脊木：脊檩上与之平行的方木，两侧开洞口，用以承托椽子上端。

5. 子桁：即挑檐桁，出踩斗栱挑出部分承托的桁。

6. 正桁：即正心桁，带斗栱建筑中位于檐柱轴线位置的桁。

7. 拱桁（前后）：即拱棚檩，卷棚建筑中最上层檩。

8. 金桁：也称槽桁，位于檐檩与脊檩之间的檩木，又因位置不同而分为上、中、下金檩。

9. 槽桁：在进深方向上，以脊檩为中，前部称为前槽，后部称为后槽；前部分的桁称为前槽桁。后部分的桁称为后槽桁。

10. 牙子：营造术语中板子的叫法，用于檐下称为花板。

11. 檐椽：位于建筑廊或檐部屋面外端的椽，是构成出檐的主要构件。

12. 倒搭椽：与南方"轩"的结构中复水椽相似，内卷式悬山建筑中卷棚部分向建筑内部的椽子，遮住上部部分梁架。

13. 拱棚椽：即罗锅椽，也称顶椽。卷棚式屋顶无脊檩，椽子搭在槽檩上。

14. 槽椽：即脑椽、花架椽，搭在各槽桁上的椽子。

15. 横椽（飞角椽）：建筑翼角部分的飞椽，亦可称作翼角翘椽。

16. 直身椽：即正身，建筑中除翼角椽以外的椽子。

17. 直飞头：即正身飞，建筑中用于正身椽上的飞椽。

18. 扶椽：即扶椽，也叫扶戗，前端斜压在大飞头尾部，尾部插入金柱内，与"隐角梁"作用相似。

19. 飞头闸口板：封堵飞椽之间空当的闸板，厚同望板，高同飞椽，宽按飞椽净当加入槽。闸档板与小连檐配套使用为清晚期的做法，类似于里口木。

20. 椽子闸口板：封堵檐椽之间空当的闸板，厚同望板，高同檐椽，宽按檐椽净当加入槽。

21. 撩檐：即连檐，将连接飞椽椽头上皮和檐椽椽头上皮的横木统称为撩檐，其断而呈直角梯形。

22. 随金檩：置于金檩下方的檩木，与金檩之间由垫板拉结，其作用、位置与檩相同。

（六）屋面

1. 踏板（望板）：即望板，又称屋面板，铺设于椽上的木板，以承托苫背屋瓦之用，亦可直接钉于椽条之上。

2. 套兽桩：即套兽榫，角梁头上用以安装套兽。

3. 脊杆：安装在扶脊木上，用以固定花脊的木桩。

4. 瓦口条：即瓦口木，撩檐上承托瓦垄的木材，与撩檐木规格相同，上开波浪形槽口。

（七）其他

1. 桨柱子：也叫桨桩子，大角梁梁身之下，底角梁前端的垂柱。

2. 支墩：即柁敦，两层梁之间起支撑、垫托的作用的木墩。

3. 加马：支撑加固挂柱的木构件，类似于角背。

4. 加马瓶：与加马组合，位于加马上部的装饰构件。

5. 鸡架瓶：位于鸡架梁上部，形为花瓶状，稳定上下梁并具装饰作用。

6. 交金墩：也叫交金瓜柱，不同于清官式的歇山构造，交金墩立于翼角角梁与歇山梁相交处下方的"枕"上，墩头上承托歇山梁、下金檩及角梁。

7. 串撑：牌楼建筑中穿连起戗柱与金柱的短木，起拉结稳定作用。

8. 花墩子：荷叶墩的一种形式，雕刻较为多样。

9. 平墩子：荷叶墩的一种简易形式，基本不做雕饰，以方木块为主。

10. 顶柱子（建柱子）：挑桃上承托上部枕或檩的构件。

11. 枕头子：位于檐面和山面的枕交接出头处。

12. 格云子：指窗户四角安装的三角形装饰。

13. 扎格：翘角做法的地方名称。

14. 耳牙子：翼角部分子桁出头交接处的构造。

附录二　兰州地区营造释名与清官式对照表

构件类别	清官式	兰州地区	备注
斗栱	斗科	彩	
	柱头科	单彩	
	平身科		处于平身位置的彩亦称作破间斗栱
	角科	角彩	又称作蛤蟆彩
	坐斗、大斗	大斗	兰州地区大斗，形式有四边形、菱形、六边形等多边形
	攒	攒	
	翘	栱子	兰州地区这部分构件省略，有纵向的类似于翘的构件均称作栱子，主要起承重作用
	昂	狼牙	兰州地区由于建筑等级不够，出昂情况较少，狼牙根据出昂长，有做法上的差异
	横栱	担子	横向的横栱均称作担子，起拉结作用
	出一跳	出一步	
	三才升	升	小斗称为升，担子上的升和栱子上的升做法有所不同
	十八斗		
	隔架科	——	隔架科设有六角蛤蟆彩和方格彩
	——	云头	类似于清官式的耍头
	——	托彩栱子	兰州斗栱特有构件
	——	云头梁	兰州斗栱特有构件，集中了撑头木和桁椀的功能
	——	大梁、破间梁头	均做云头雕饰
	——	挑桄	类似于平置的挑杆
	拽枋	条枋、压条	
	正心枋	压彩条枋	
柱类	檐柱	檐柱	兰州地区檐柱利用前后位置区分
	金柱	金柱	兰州地区金柱有前后之分
	——	金刚柱	兰州地区减柱造中特有的构件
	山柱	山柱	
	角柱	角柱	
	中柱	中柱	
	瓜柱	挂柱	

构件类别	清官式	兰州地区	备注
柱类	雷公柱	关心垂	
	——	戗柱	
	——	井口垂	带井口类建筑中的垂柱
梁类	穿插枋	鸡架梁	
		拱棚梁	卷棚建筑中的月梁
	抱头梁	扎梁	
	挑尖梁	云头梁	
	随梁	随梁	
	大柁	大梁	
	——	二梁	兰州地区梁根据不同位置的层次关系从而命名
	——	三梁	
	——	四梁	
	——	千斤牛	兰州地区减柱造中特有的构件
	——	万斤梁	减柱造的内额
	老角梁	大角梁	
	递角梁	底角梁	
	抹角梁	斜梁	兰州地区45°斜向设置的抹角梁，非45°斜向设置的称为身分斜梁
	仔角梁	大飞头	
	——	楂头	兰州地区翼角部分特色构件
	踩步金	歇山梁	功能上类似于踩步金
		破间梁	正身处增设的梁
枋类	——	枕（牵）	类似于随梁、顺梁以及额枋等构件
	——	替	类似于随枋
	额枋	檐枕	
	荷叶角背	荷叶墩	
	——	塞口板	
	平板枋	平枋	
	——	束腰子	
	——	花板	
	额枋	担	见于兰州地区相对高级建筑中，类似于大额枋
	枕头木	蝴蝶垫板	用于中桁下和梁桁下不够高时使用，用于支撑翼角部椽子，为三角形上绘彩画蝴蝶
檩类	正心桁	正桁	
	挑檐桁	子桁	
	檐檩	檐檩	
	金檩	槽檩	
	脊檩	脊檩	
	——	拱桁（前后）	亦称作拱棚檩
	金檩	金桁、金檩	
	——	重檩	两层檩重叠在一起

构件类别	清官式	兰州地区	备注
椽类	檐椽	檐椽	
	——	倒搭椽	类似于复水椽
	罗锅椽	拱棚椽	
	——	槽椽	除檐椽外均称作槽椽
	飞角椽	横椽（飞角椽）	
	正身椽	直身椽	
	正身飞椽	直飞头	
	飞椽	横飞头	
	——	扶横	
	连檐	撩檐	
板类	里口木	闸口板	
	望板	踏板	
	扶脊木	扶脊木	
	椽椀	椽花	
	瓦口木	瓦口条	
其他	——	桨桩子	在大角梁下，底角梁梁头前使用
	角背	加马	固定挂柱使用
	柁墩	支墩、柁墩	在大梁上用的支墩叫柁墩
	垫木	顶柱子	高度不够时使用的木墩
	——	套兽桩	
	——	脊杆	

附录三　我的师傅段树堂

谨以此文纪念已故兰州老匠师段树堂先生，并以段树堂先生嫡传弟子范宗平为第一人称，根据其口述回忆和相关资料查阅写作。

师傅段树堂，生于民国五年（公元1916），卒于2007年，享年92岁。甘肃兰州人，中共党员。师傅一生博学广识，多才多艺，身怀"三绝"之能：斜尺[①]、鼓子和拳术。

八十年代在伏龙坪自家院内的段树堂先生

斜尺

师傅出生士绅之家，早年受到良好的私塾教育，天资聪颖，刻苦好学，文史曲艺皆有所长。后因父亲早逝，家道中落，14岁就出门学艺，投师于县门街（现陇西路口）彭立学木匠铺学木匠，在铺子里学做家具、棺材、盖房子，四年学满后就自己创业。后来又跟随兰州大木匠行业之首的"城中王家"王三爷学习木作技艺，从古建筑的架、饰、栱、刻入手进行系统的

---

① 斜尺即拿木尺之人，是兰州木匠行对"掌尺"一类人的尊称。

学习。同时又向"削活匠"冉大爷学习木作雕刻，经过多年的磨砺和钻研，将兰州本土木雕装饰的各门派技法工艺融合创新，独成一派。师傅虚心勤恳，精心钻研，凭借自己惊人的毅力和努力，而立之年就能独当一面，担任木作行"掌尺"之职。兰州地区传统建筑的建设及修缮出自师傅之手的多达二三十座，较大的工程有20世纪50年代主持金天观建筑群修缮建设工作；1957年整体搬迁武都路普照寺（现已拆毁）山门大殿，不落架向后平移了8米，震惊兰州古建行；1961年指导修缮兰州八路军办事处建筑，新建八角亭一座；1977年设计完成白塔山塔院的修复方案；1981年指导完成五泉山浚源寺大雄宝殿修缮工程；1982年在任震英设计的草图基础上，修改完善了皋兰山三台阁项目方案；1984年设计指导修复了白云观戏楼工程；1985年主持修建新疆红山公园园林古建筑群；1989年指导建设金昌公园园林古建筑群；期间还陆续设计指导省政府大门扶正、榆中桑园子村戏楼、小西湖公园螺亭、白塔山公园大门、七里河叶家湾家庙等工程项目。在兰州的大木行内可称得上翘楚之才。1959年10月，中华人民共和国成立十周年，中共中央和国务院决定召开先进集体和先进生产者代表大会（亦称全国群英会），来自全国各地各条战线上23个民族的英雄模范和先进人物共六千多人，在北京受到了党中央国务院的奖励和国家领导人的接见，并在一起总结交流经验。师傅作为甘肃代表团里唯一的建筑行业先进工作者参加了这次盛会。

师傅不仅木作技艺精湛，学识丰富，而且心胸开阔，有教无类，在其门下拜师学艺的弟子数十人，长幼皆有，与师傅同龄者亦有之。师傅收徒的标准首要品行端正，无论为何目的，只要愿意刻苦学习，都会倾心相授。其门下弟子也多有建树，虽然目前传统木作技艺势衰，木作匠人转行者十有八九，但师傅门下仍有像志远师兄、宝全师侄及在下等，秉承师门之艺，坚守着兰州大木营造技术。师傅亦有高瞻远瞩之视，很早就开始总结多年大木工作的经验和技术，绘制了很多关于兰州木作营造法式的图本手稿，包含"架、饰、栱、刻、图样"等，对兰州的木作营造技艺保留了一批珍贵的历史技术资料，为古建园林事业做出了极大贡献。

鼓子

师傅的第二项绝艺就是兰州鼓子，作为老兰州人都知道这是一个古老的曲种，是用兰州方言表演的一种民间曲艺形式。师傅一生酷爱兰州鼓子，学艺闲暇之余就在茶馆里听老艺人演唱，模仿钻研。20岁时，凭借学艺的诚心和难得的天赋条件感动了被当时兰州鼓子界称为"五大家"之首的李长庚先生，正式拜老先生为师，学习兰州鼓子。李长庚先生精通兰州鼓子十大调，集众家之长于一身，当看到师傅的这份挚诚与坚毅后，就将兰州鼓子十大调类所有曲牌倾囊传授给了他。师傅也不负老先生所望，凭借自己刻苦好学和少有的艺术天赋，全面系统地掌握了兰州鼓子十大调诸调门调类，包括各类前奏、间奏、过门音乐等等。往日我们这些木工学徒聚在一起时，师傅兴致好时就会自弹自演上一曲，着实让人着迷。他唱腔气韵生动，咬字清晰，以情带声，刚柔相济，有浓郁的地方特色和厚重的本土气息，师傅能伴奏、能演唱、能填词，是兰州鼓子五大派公认的全才艺人。他独创的艺术唱腔为鼓子界所称颂，被同行所佩

段树堂与肖振东探讨兰州鼓子

服，师傅也成为兰州鼓子界唯一全面系统准确地掌握十大调的第五代正宗传人。师傅不仅会唱鼓词，秦腔唱功也不弱，曾拜西北秦腔泰斗"麻子红"为师学习秦腔技艺，兰州秦腔大师刘茂森、段永花还曾在他跟前请教学习。

师傅对兰州鼓子是一生的挚爱，为了使兰州鼓子诸调门、调类完整的保存下来，他将一生所学的各调类全部回忆、梳理并录音，并一再嘱咐弟子们，要让兰州鼓子传唱下去。2006年5月20日，兰州鼓子经国务院批准列入第一批国家级非物质文化遗产名录，这批珍贵的录音成为申遗的重要资料。师傅演唱的《法门寺》《连环计》《雨打桃花笑》等更成为兰州鼓子的经典曲目。

拳术

说起师傅的拳术，可能也算不上绝技，只是师傅平日里强身锻体的活动。因为木匠这一行需要爬高上梯，尤其支梁上架时，不能做到身轻如燕，也得灵活有度。师傅在七八十岁高龄时还能轻松上架，与长期习练拳术不无关系。师傅的拳脚功夫很实用，据师傅说属于八门拳一类，这个拳是流传于西北地区的优秀地方拳种，突出特点就是实战技击，传闻此拳出自西北戍边的军营。因兰州特殊的地理位置，历朝历代都是重兵守卫，军人重武、习武的习俗带动了本地武术的发展。因师傅未曾提及拜何人学习的拳术，但常见他在木匠同行间相互切磋，按他自己的话说他的拳是"野路子"。尽管如此，但师傅耍起来时，一招一式仍然沉着有力，一气呵成。师傅时常手里有根1米多长的木棍，包浆光亮，经常会拿在手里顺手耍一耍，偶尔

九十岁高龄的段树堂

也会用它吓唬吓唬偷懒和犯错的弟子们，但从未见动真格的。

　　师父一生很是豁达，不追求名利，看淡人世，但对待工作事物却极为认真。师傅1982年加入中国共产党，那个年代的党员，是各行各业有突出成绩的人，师傅也践行了一个优秀党员的标准。在他的葬礼上，包括建筑界、曲艺界等行业的社会各界人士都自发前来吊唁，深切怀念师傅。师傅去世已有15年了，我也是年近古稀的人，但每每想起师傅来，仍能感受到师傅严谨的教诲和亲切随和的态度。我从事古建行业，衣食无忧，小有成绩，深深受益于师傅的教导，因此将师傅的木作手稿保存并传承下去是对师傅最好的纪念和感谢。

范宗平

2022年5月于九州罗锅沟回忆

附　　图

以下部分为段树堂先生基于木结构工程中积累和实践的项目图纸，均为老先生手绘，笔者将其整理归档，保留下来以传给后人，为今后古建筑工程提供参考。

架（一）

图解须知

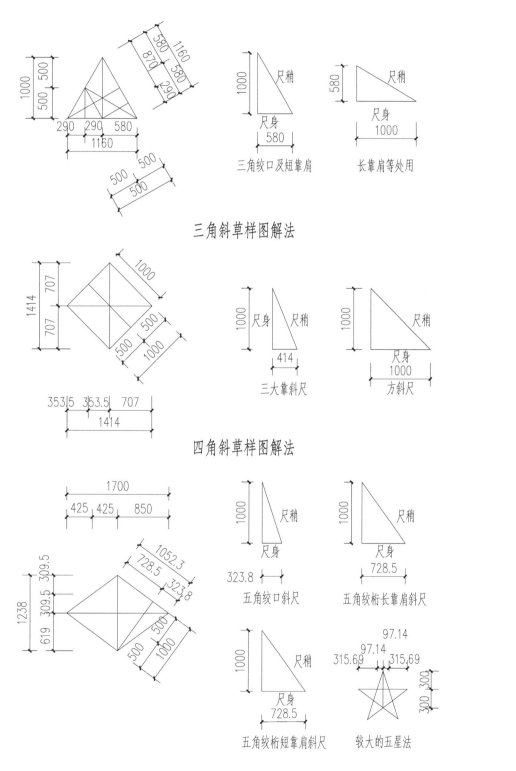

三角斜草样图解法

四角斜草样图解法

五角斜草样图解法

附

图

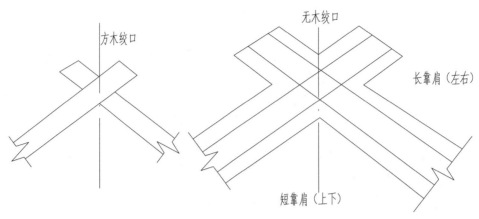

五角绞口及靠肩之分

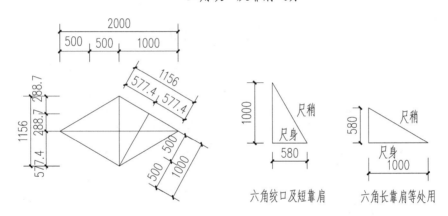

六角斜草样图解法

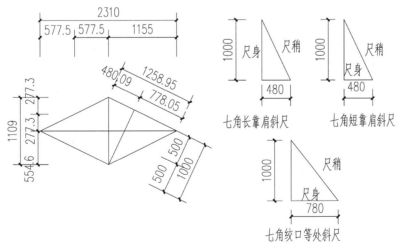

七角斜草样图解法

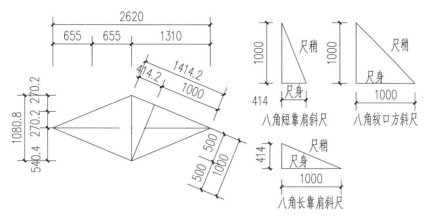

八角斜草样图解法

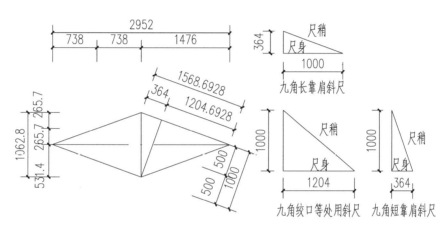

九角斜草样图解法

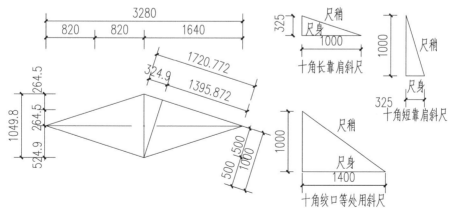

十角斜草样图解法

附

图

民居屋架坡度示意图

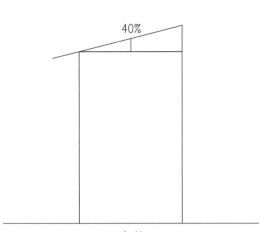

三架檩

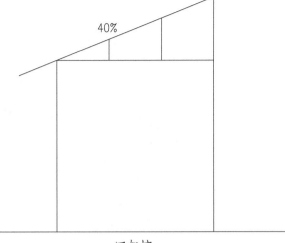

四架檩

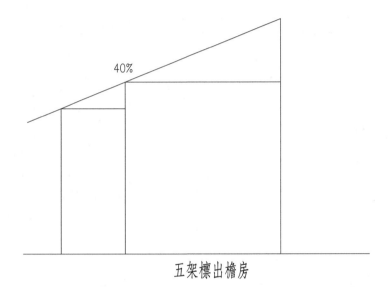

五架檩出檐房

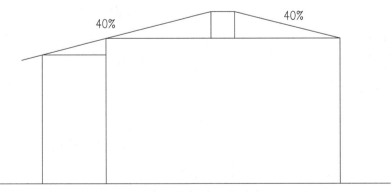

七架檩拱棚单面出檐房

60% 60%
40% 40%

七架檩

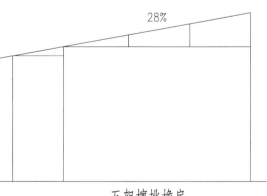

60% 60%
40% 40%

八架檩

18%

三架檩挑檐房

22%

四架檩挑檐房

28%

五架檩挑檐房

附

图

民居屋架结构图

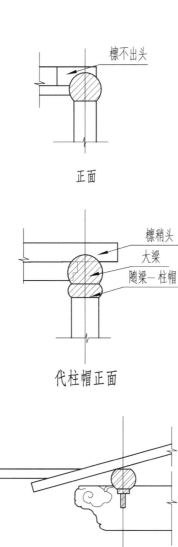

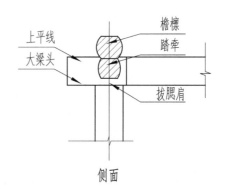

正面

侧面

代柱帽正面

代柱帽侧面

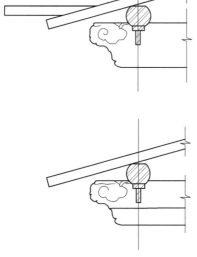

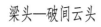

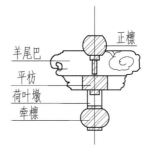

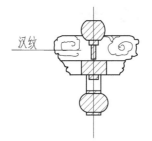

梁头—破间云头

代柱帽—破间云头

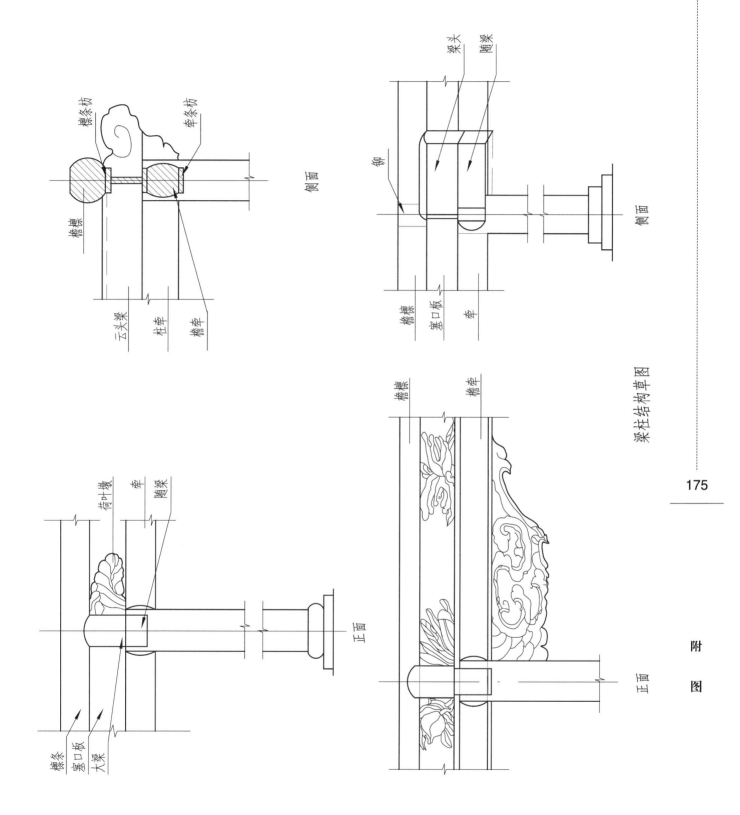

梁柱结构草图

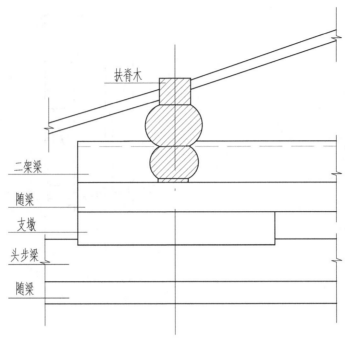

扶脊木

二架梁

随梁

支墩

头步梁

随梁

椽子交接处侧面

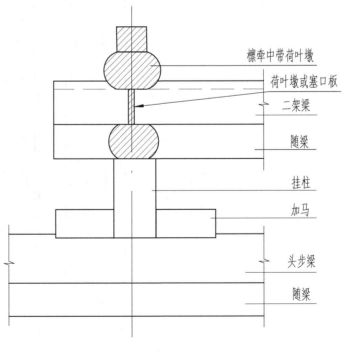

檩牵中带荷叶墩

荷叶墩或塞口板

二架梁

随梁

挂柱

加马

头步梁

随梁

椽子不在交接处侧面

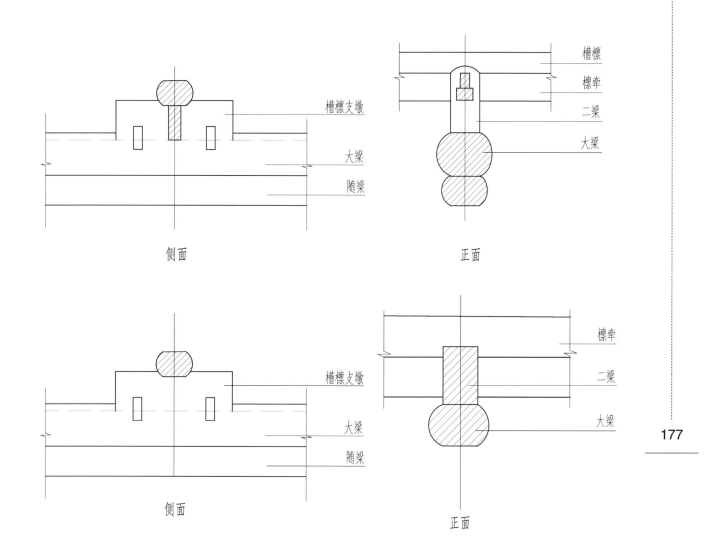

側面 　　　　　　　　　　 正面

側面 　　　　　　　　　　 正面

檐下屋架结构草样

附

图

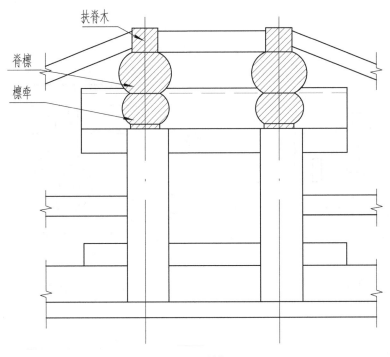

扶脊木

脊檩

檩牵

平梁拱棚梁

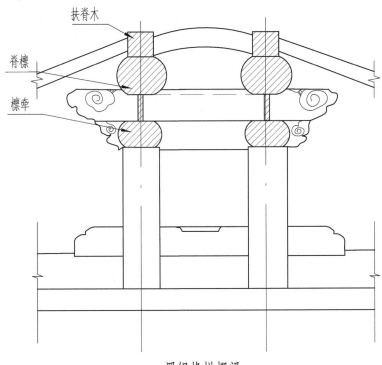

扶脊木

脊檩

檩牵

罗锅椽拱棚梁

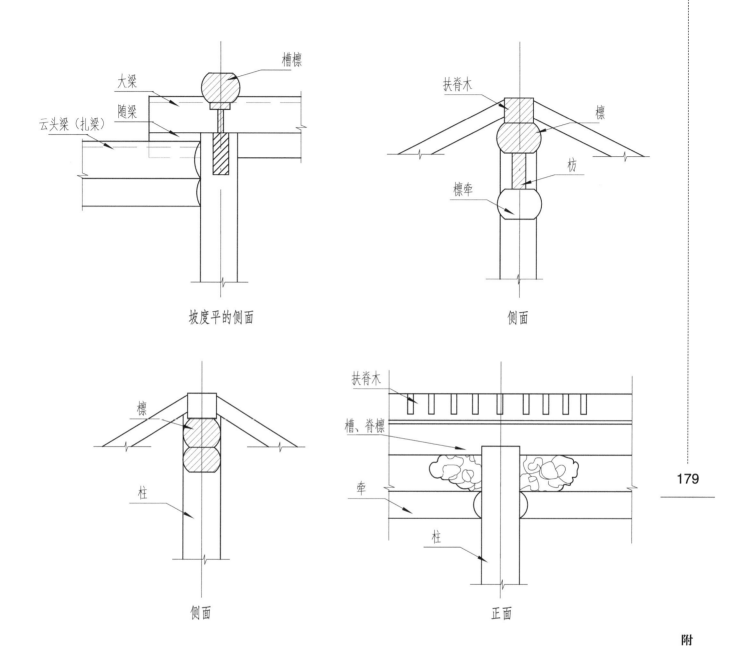

坡度平的侧面

侧面

侧面

正面

脊部屋架结构草样

附

图

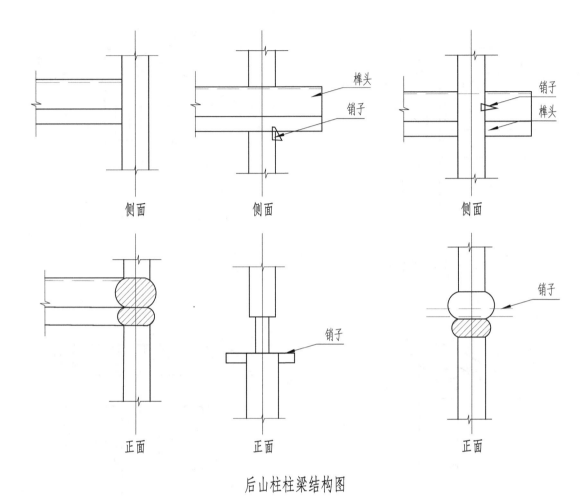

后山柱柱梁结构图

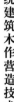

人字屋架结构图

四绞榫

串定榫（又名鬼拍子）

方木接触榫

柱牵

柱牵

檩母

大梁后柱榫

檩条

檩条

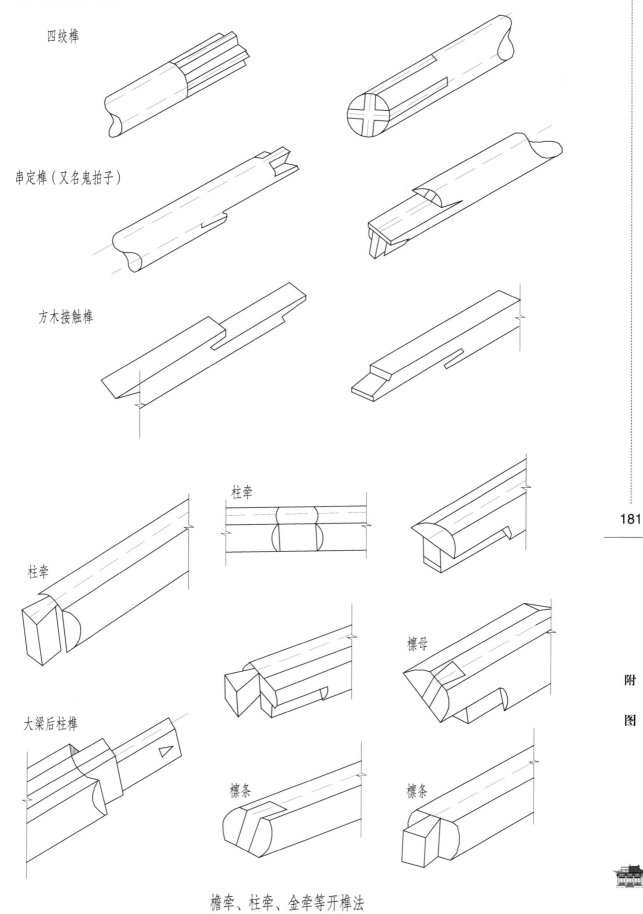

檐牵、柱牵、金牵等开榫法

附

图

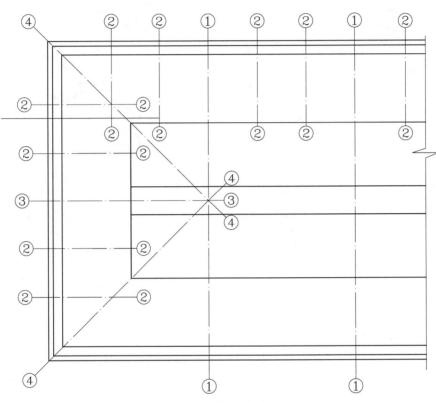

备注：①②③④为剖切方向

人字屋架平面草样

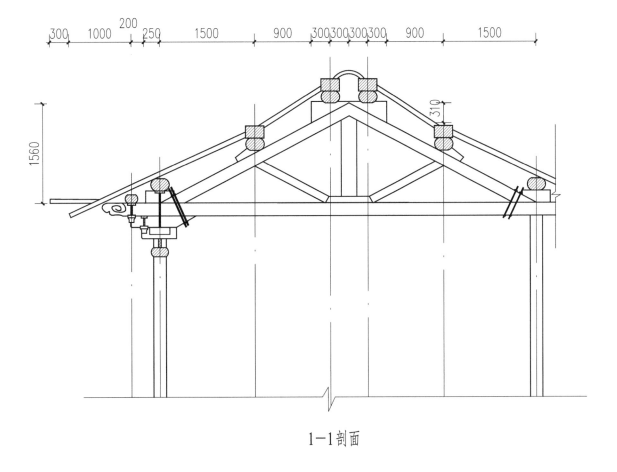

1-1剖面

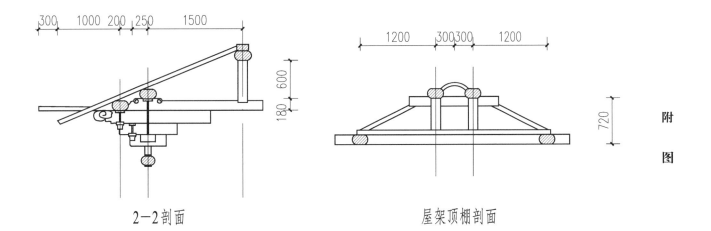

2-2剖面

屋架顶棚剖面

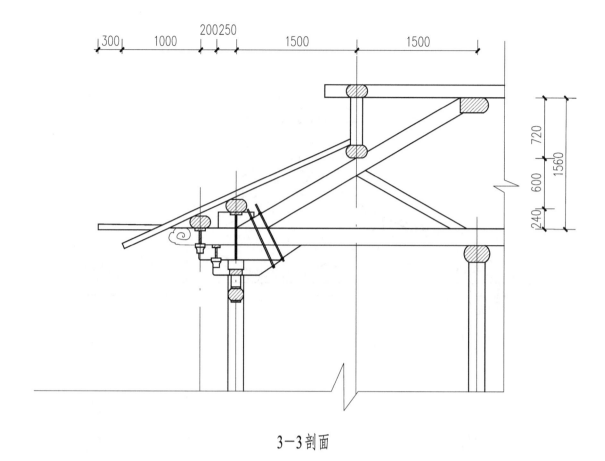

3-3剖面

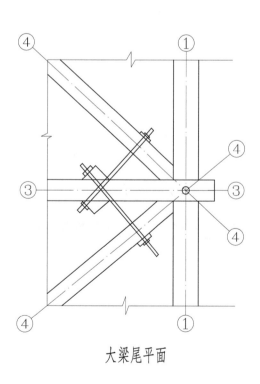

大梁尾平面

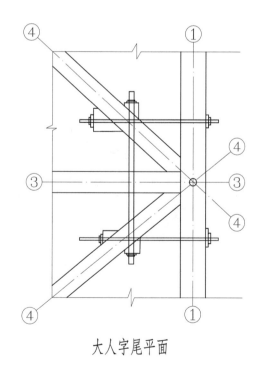

大人字尾平面

摆彩檐口屋檐式样

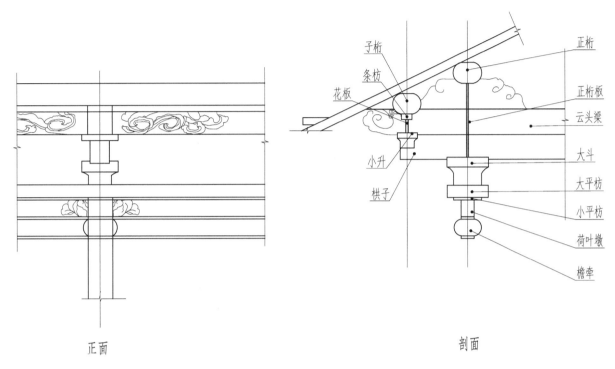

子桁
条枋
花板

正桁
正桁板
云头梁
大斗
大平枋
小升
拱子
小平枋
荷叶墩
檐牵

正面

剖面

带斗一步拱子

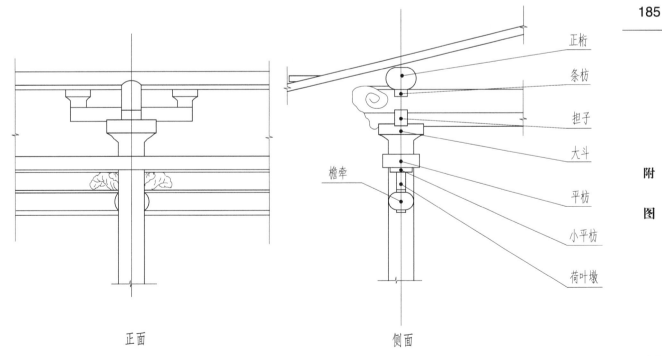

正桁
条枋
担子
大斗
檐牵
平枋
小平枋
荷叶墩

正面

侧面

附

图

担子

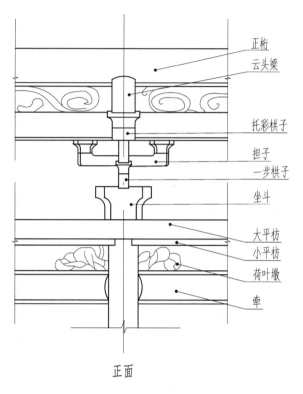

正桁
云头梁
托彩栱子
担子
一步栱子
坐斗
大平枋
小平枋
荷叶墩
牵

正面

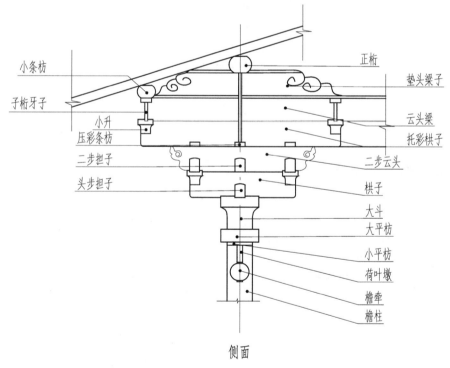

小条枋
子桁牙子
小升
压彩条枋
二步担子
头步担子

正桁
垫头梁子
云头梁
托彩栱子
二步云头
栱子
大斗
大平枋
小平枋
荷叶墩
檐牵
檐柱

侧面

一步彩檐口

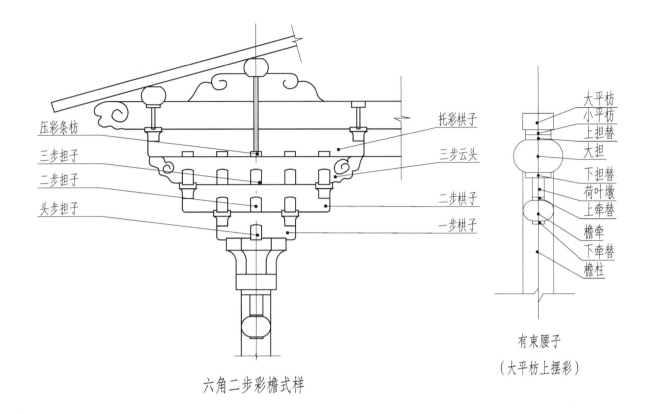

压彩条枋
三步担子
二步担子
头步担子
托彩栱子
三步云头
二步栱子
一步栱子

六角二步彩檐式样

大平枋
小平枋
上担替
大担
下担替
荷叶墩
上牵替
檐牵
下牵替
檐柱

有束腰子
（大平枋上摆彩）

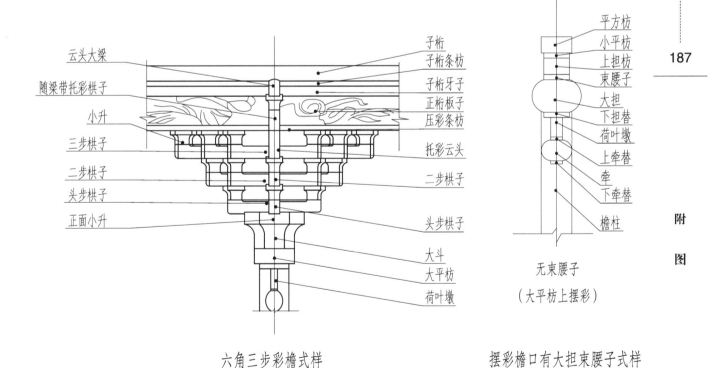

云头大梁
随梁带托彩栱子
小升
三步栱子
二步栱子
头步栱子
正面小升

子桁
子桁条枋
子桁牙子
正桁板子
压彩条枋
托彩云头
二步栱子
头步栱子
大斗
大平枋
荷叶墩

六角三步彩檐式样

平方枋
小平枋
上担枋
束腰子
大担
下担替
荷叶墩
上牵替
牵
下牵替
檐柱

无束腰子
（大平枋上摆彩）

摆彩檐口有大担束腰子式样

187

附

图

木屋架构件结构关系图

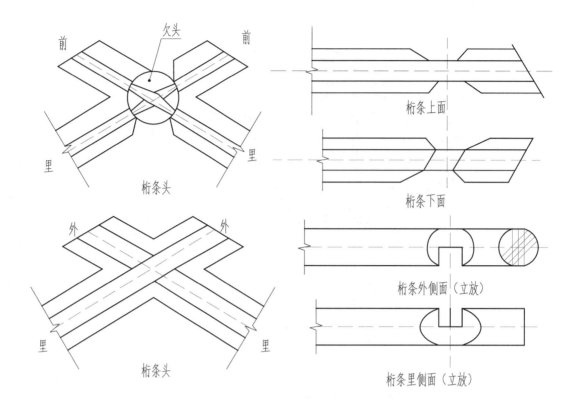

桁条头   欠头   前   前   里   里

桁条上面

桁条下面

桁条头   外   外   里   里

桁条外侧面（立放）

桁条里侧面（立放）

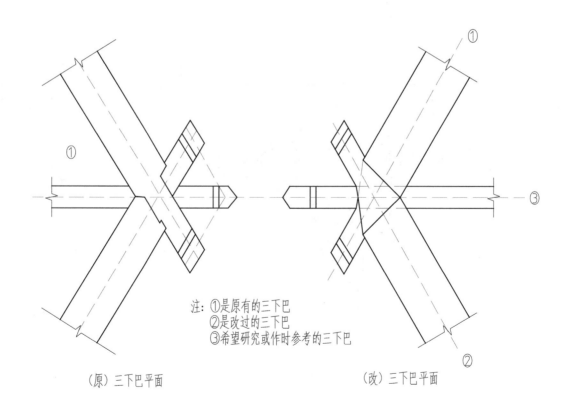

注：①是原有的三下巴
　　②是改过的三下巴
　　③希望研究或作时参考的三下巴

（原）三下巴平面   （改）三下巴平面

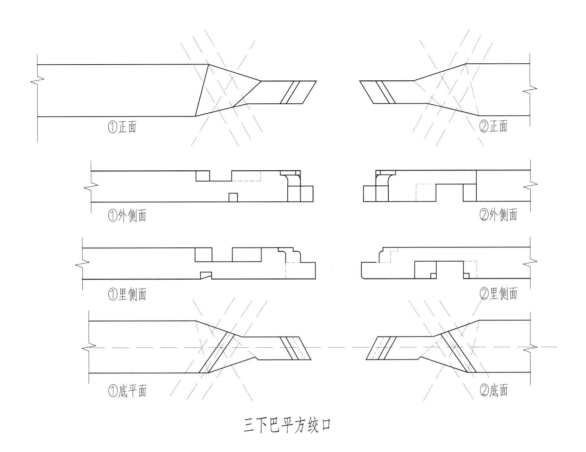

①正面   ②正面

①外侧面   ②外侧面

①里侧面   ②里侧面

①底平面   ②底面

三下巴平方绞口

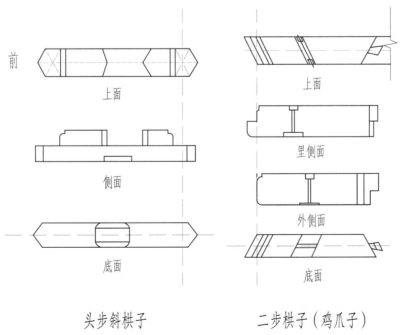

前

上面   上面

侧面   里侧面

                           外侧面

底面   底面

头步斜栱子   二步栱子（鸡爪子）

附

图

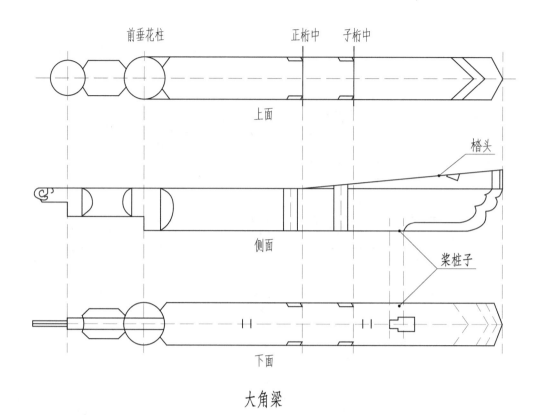

前垂花柱　　　　　　　　　　正桁中　子桁中

楂头

上面

侧面

桨桩子

下面

大角梁

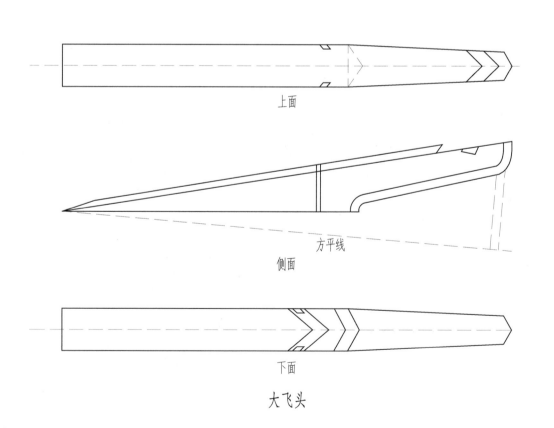

上面

方平线

侧面

下面

大飞头

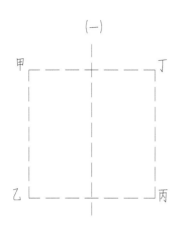
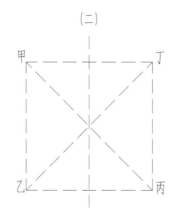
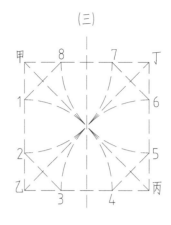

（一）　　　　　　　（二）　　　　　　　（三）

正八边形做法

注：1.（一）甲、乙、丙、丁作正四边形

　2.（二）在正四边形对角通斜十字线

　3.（三）以甲、乙、丙、丁四角为圆心，通斜线一半为半径，将与正四边形相接的1、2、3、4、5、6、7、8各点相连即为正八边形

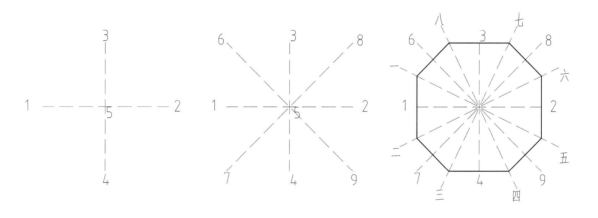

正八边形做法

注：1.（一）由1~2、3~4经过5作成十字线

　2.（二）由7~8、6~9经过5作成另一个十字线套在原十字的上面作根中线

　3.（三）根据（一、二、三、四、五、六、七、八）以上八个点决定需做的八角大小，由一~二、二~三、三~四、四~五、五~

　六、六~七、七~八、八~一画成通线连接即为所用的八边形，此种八边形为八角亭的底子

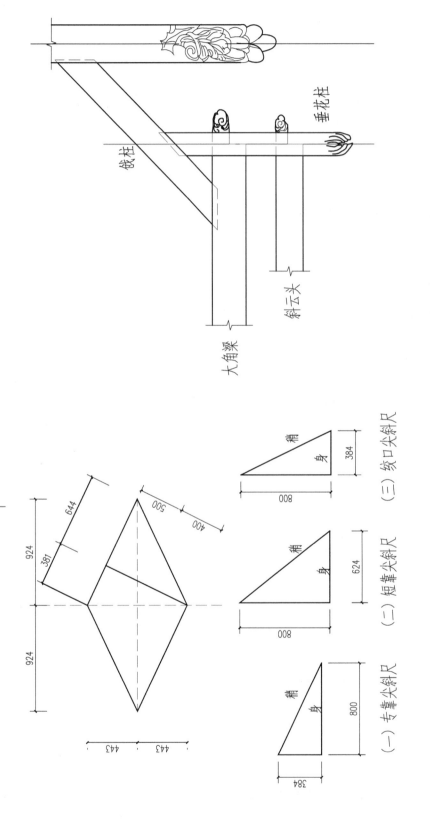

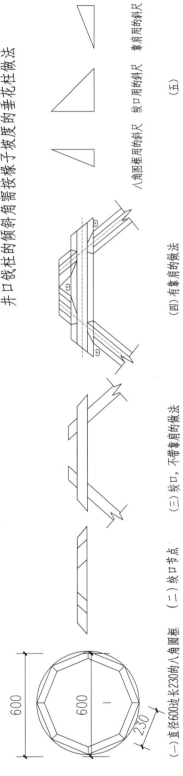

大角梁

斜云头

铰柱

垂花柱

（一）专靠尖斜尺

（二）短靠尖斜尺

（三）绞口尖斜尺

井口铰柱的倾斜斜角需按椽子坡度的垂花柱做法

（一）直径600边长230的八角圆框　（二）绞口节点　（三）绞口，不带靠肩的做法　（四）有靠肩的做法

八角图框用的斜尺　绞口用的斜尺　靠肩用的斜尺

（五）

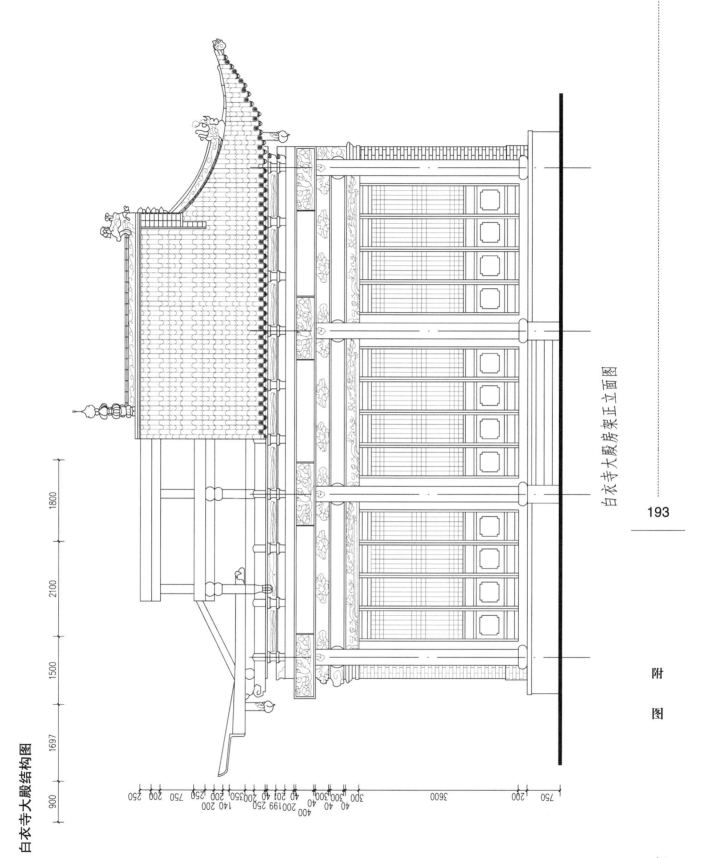

白衣寺大殿结构图

白衣寺大殿房架正立面图

附

图

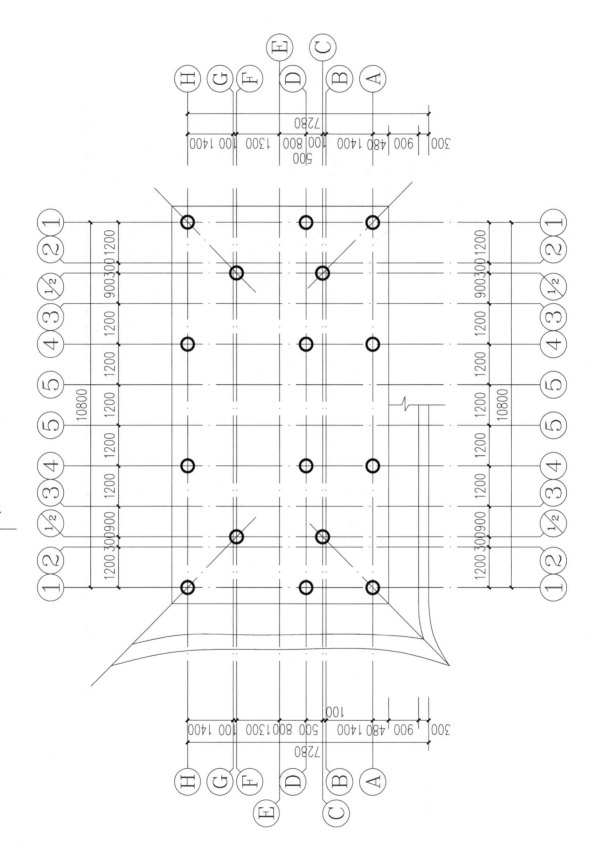

白衣寺大殿平面草图

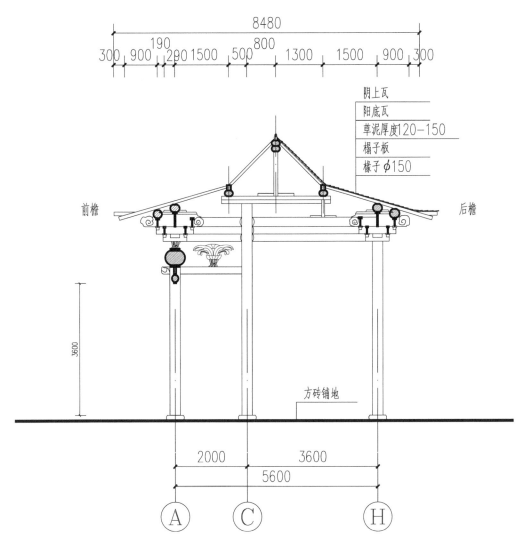

阴上瓦
阳底瓦
草泥厚度120-150
榻子板
椽子φ150

前檐

后檐

3600

方砖铺地

2000　　3600

5600

Ⓐ　　Ⓒ　　Ⓗ

白衣寺大门房架剖面图

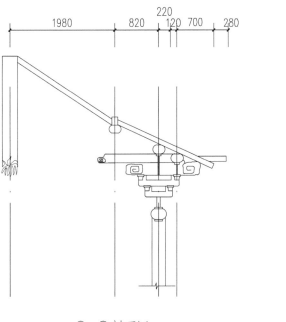

1980　　820　220　700　280
120

②-②剖面图

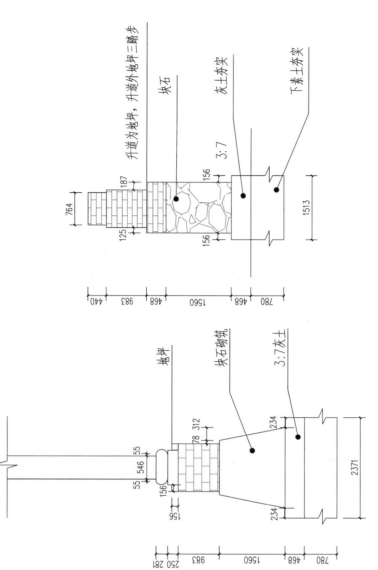

简注：
① 以上草样全部以公尺为单位
② 祥中的木、瓦工、工程全部以过去1956年工人文化馆大小，1963年兰园南大门的经验所作，未经科学计标

③—③、⑤—⑤梁枋剖面详样

白塔山百花亭结构图

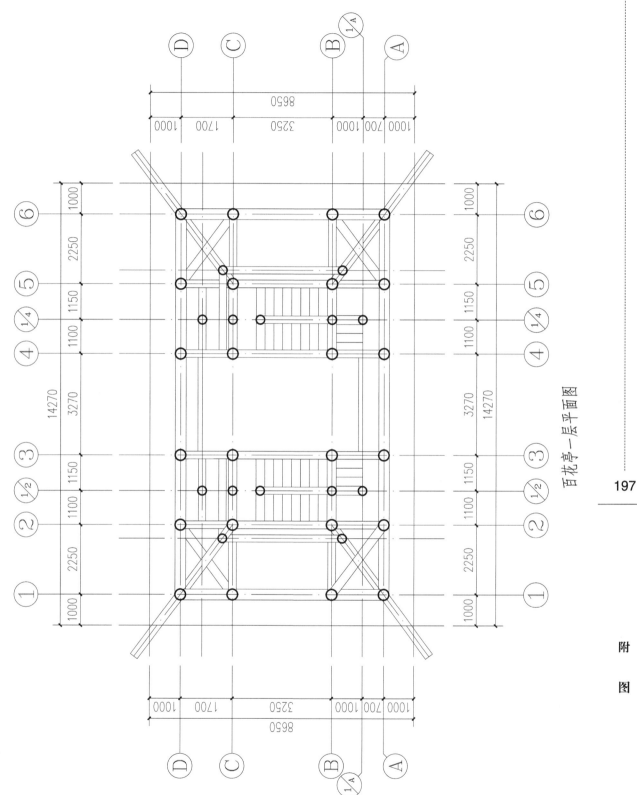

百花亭一层平面图

附

图

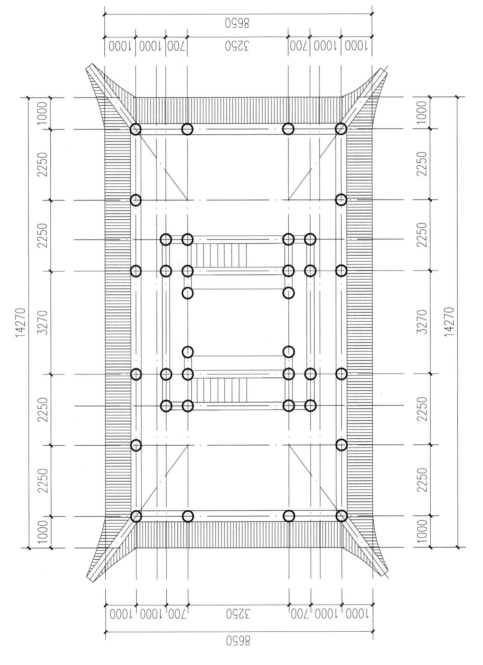

百花亭二层平面图

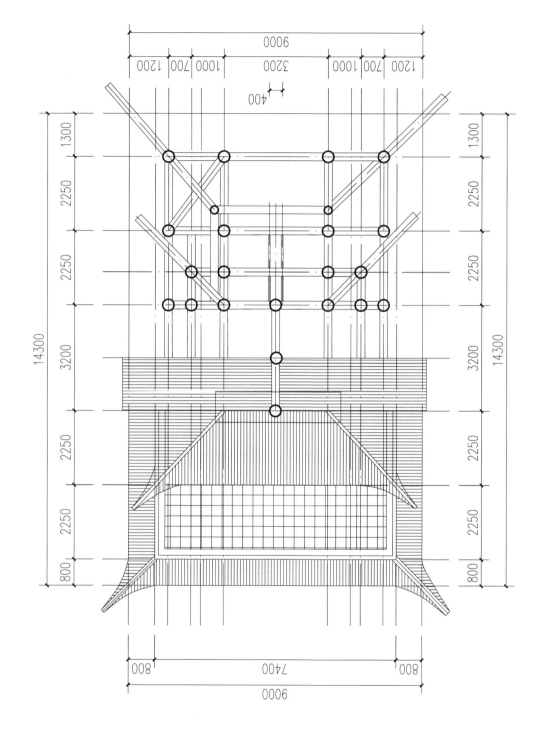

百花亭平、剖面示意草样

附

图

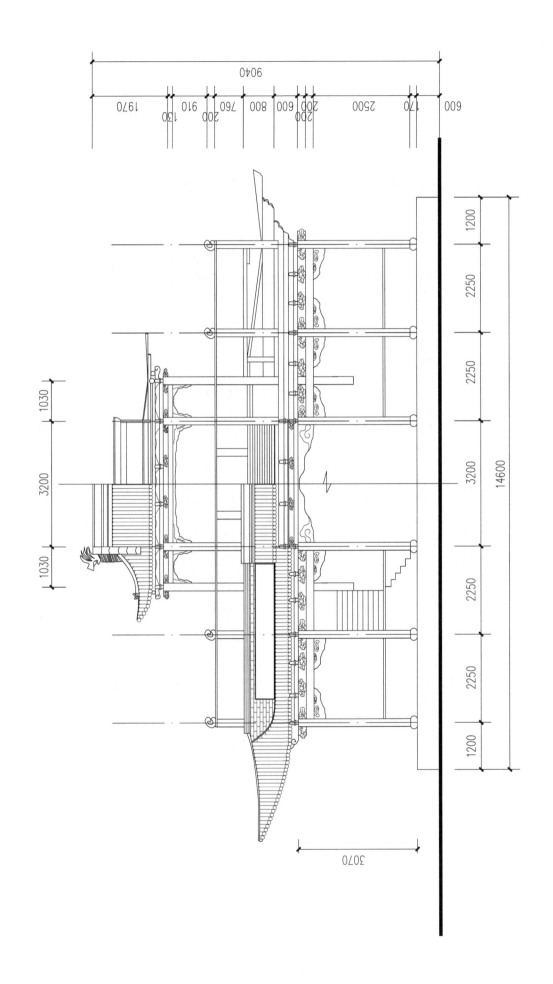

百花亭剖面示意草样

丝路甘肃建筑遗产研究：兰州传统建筑木作营造技术

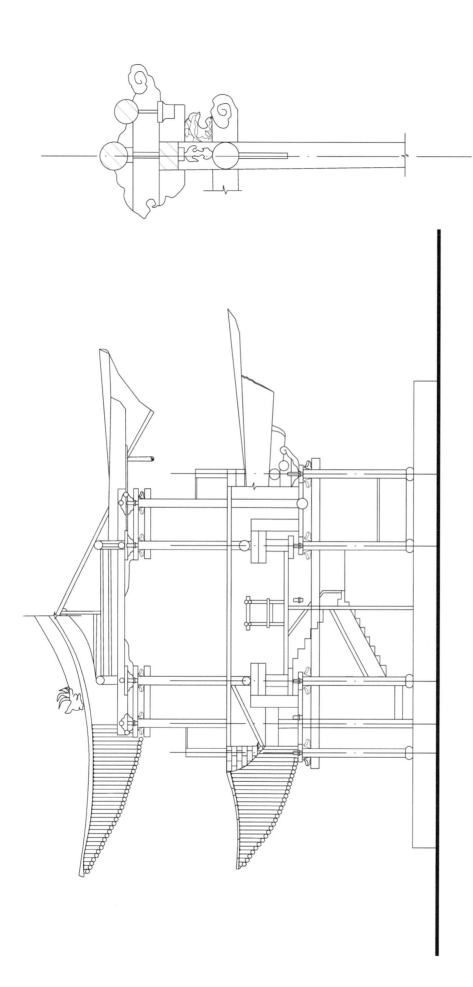

百花亭侧立面剖面示意草样

201

附

图

西湖公园螺亭结构图

880　700　1150　360　1310　1000　350 350

螺亭剖立面图

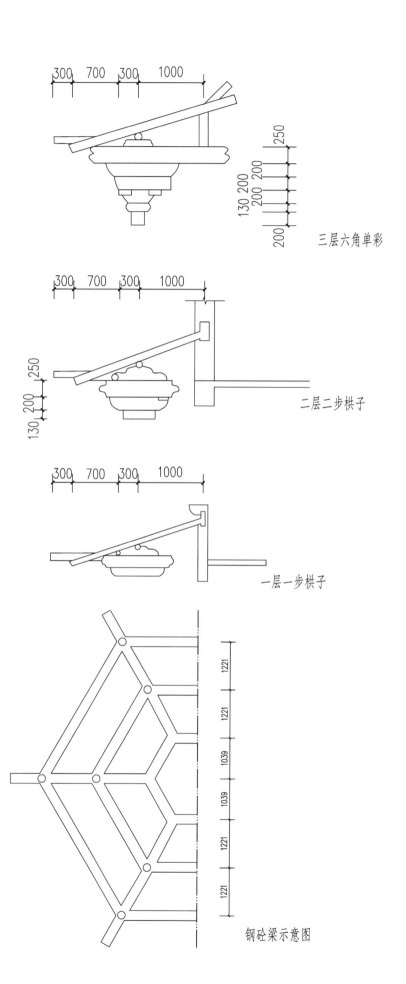

三层六角单彩

二层二步栱子

一层一步栱子

钢砼梁示意图

附

图

架（二）

二步栱子三角亭结构图

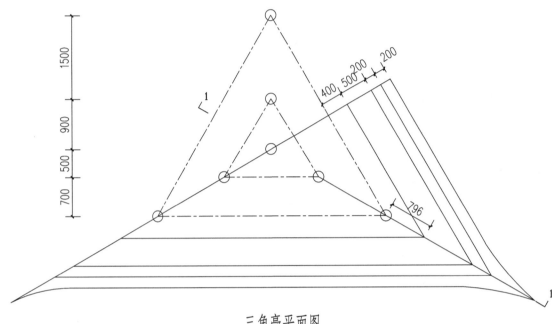

三角亭平面图

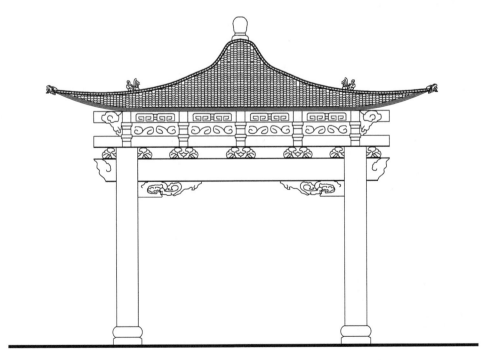

三角亭立面图

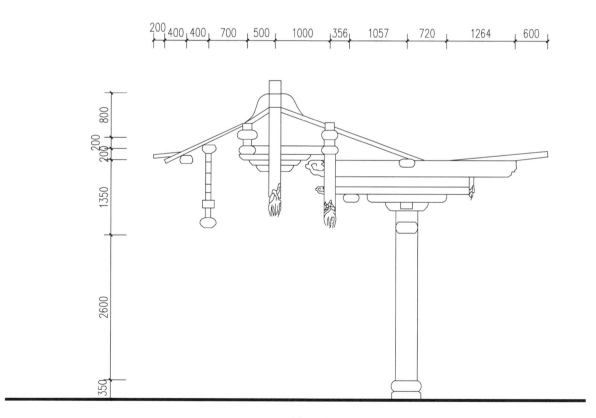

1—1剖面图

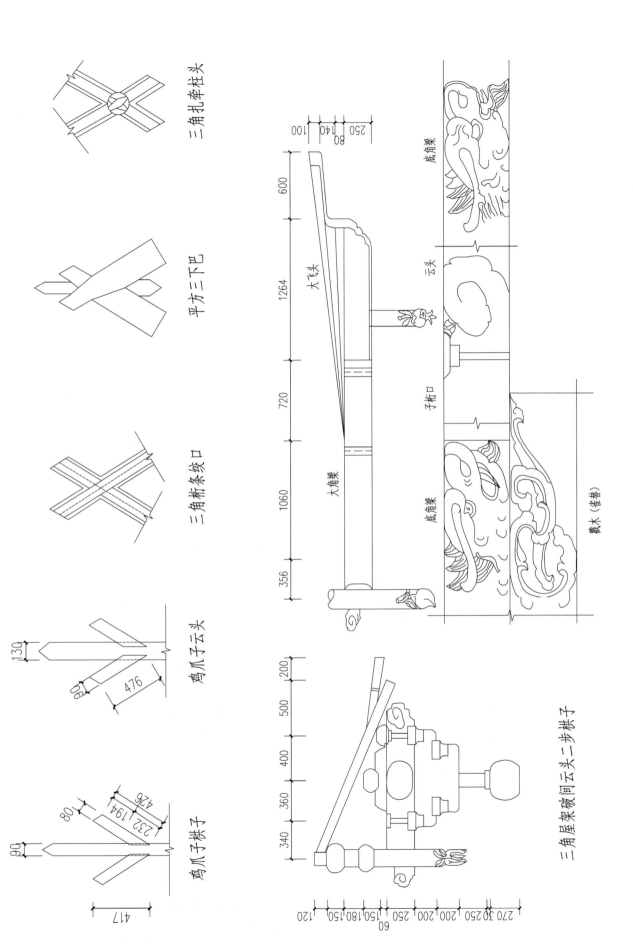

三角扎牵柱头

平方三下巴

三角桁条绞口

鸡爪子云头

鸡爪子拱子

大飞头

大角梁

底角梁

云头

子桁口

底角梁

戗木（雀替）

三角屋架破间云头二步拱子

白塔长廊重檐四角结构亭

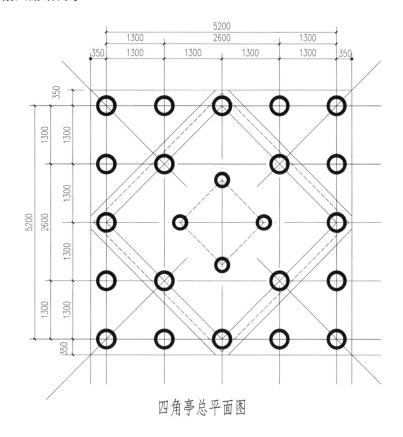

四角亭总平面图

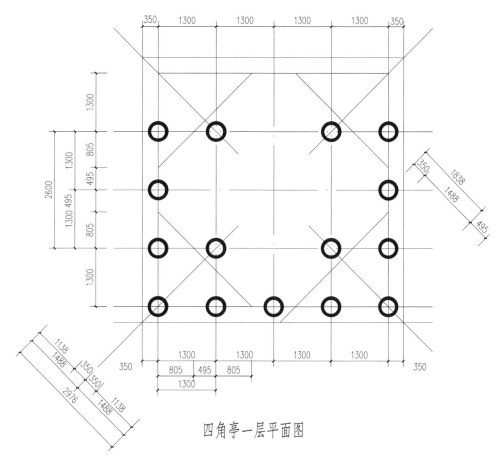

四角亭一层平面图

附

图

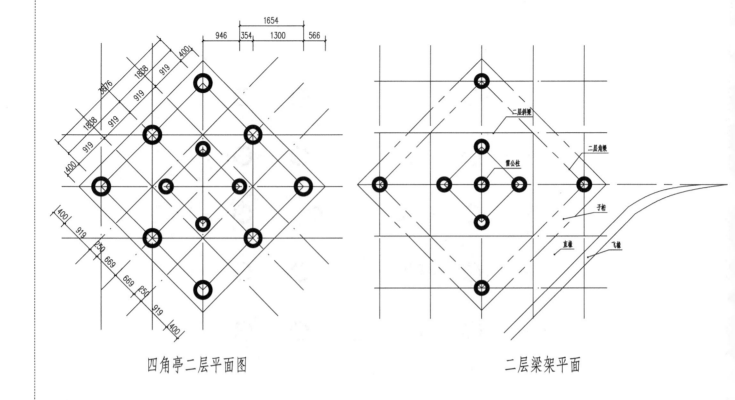

四角亭二层平面图

二层梁架平面

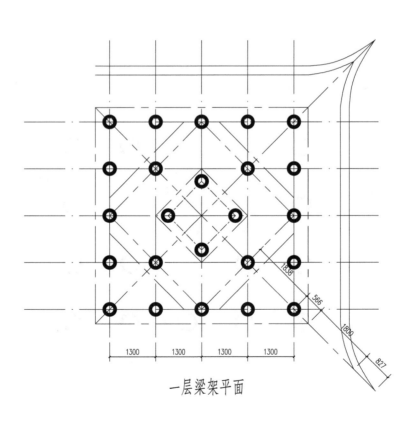

一层梁架平面

丝路甘肃建筑遗产研究：兰州传统建筑木作营造技术

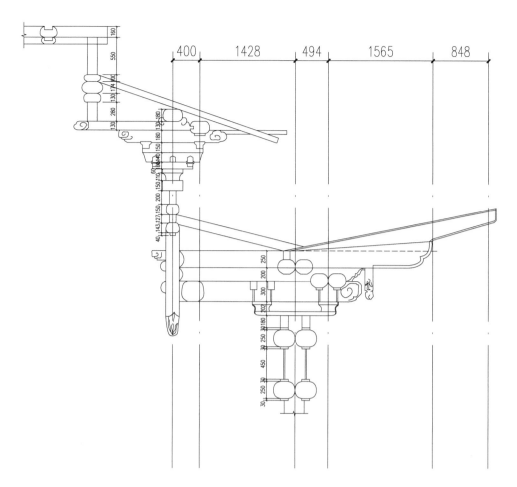

400 | 1428 | 494 | 1565 | 848

160
550
130 | 174 | 100
130 | 280
130
132 | 180
180
150 | 150
60
200 | 150 | 150 | 110
40 | 143 | 127 | 150

250 | 250
200
300
30 | 80
180
30 | 250
450
30 | 250
30

转角处一层和二层翼角的正切剖面

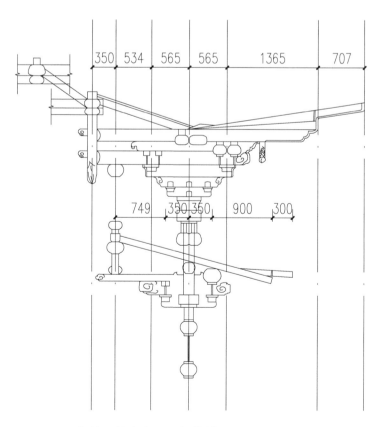

350 | 534 | 565 | 565 | 1365 | 707

749 | 350 | 350 | 900 | 300

角轴一层直身、二层格剖面

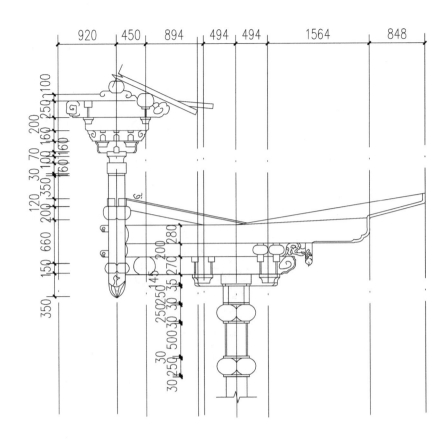

角轴格里剖面、一层四角剖面

丝路甘肃建筑遗产研究：兰州传统建筑木作营造技术

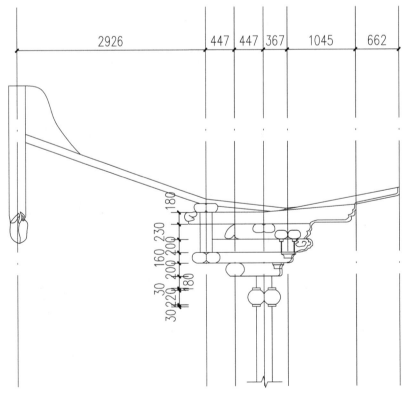

二层四角剖面

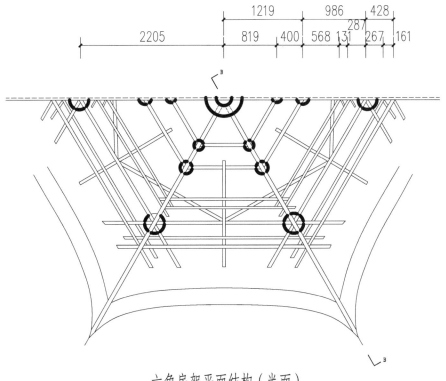

六角房架平面结构（半面）

211

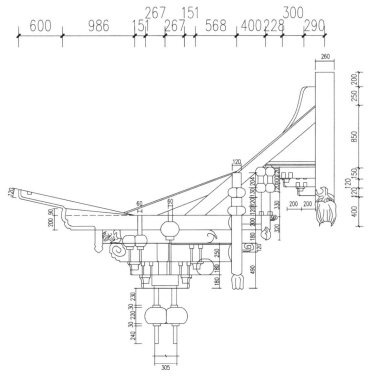

六角房架B—B剖面图

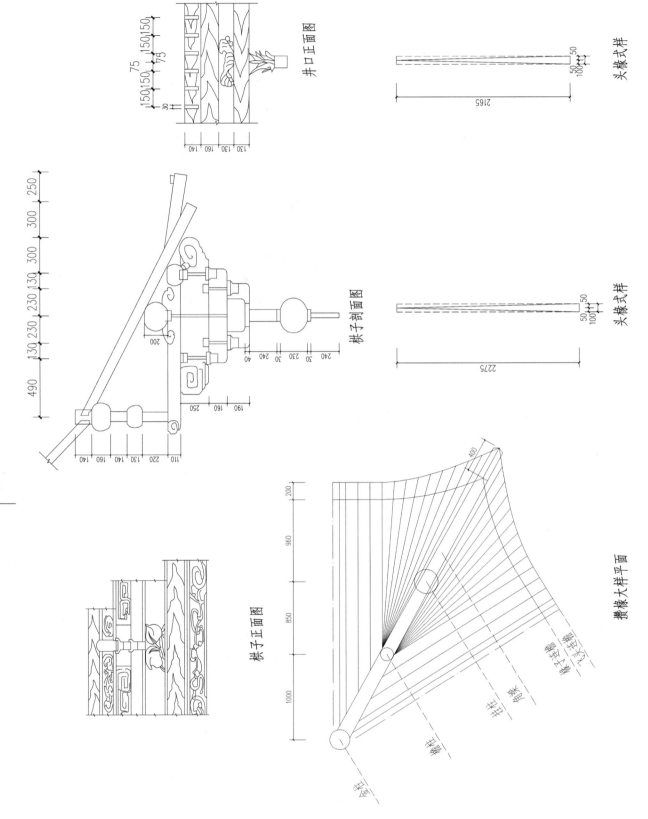

井口正面图

头椽式样

拱子剖面图

头椽式样

拱子正面图

撇椽大样平面

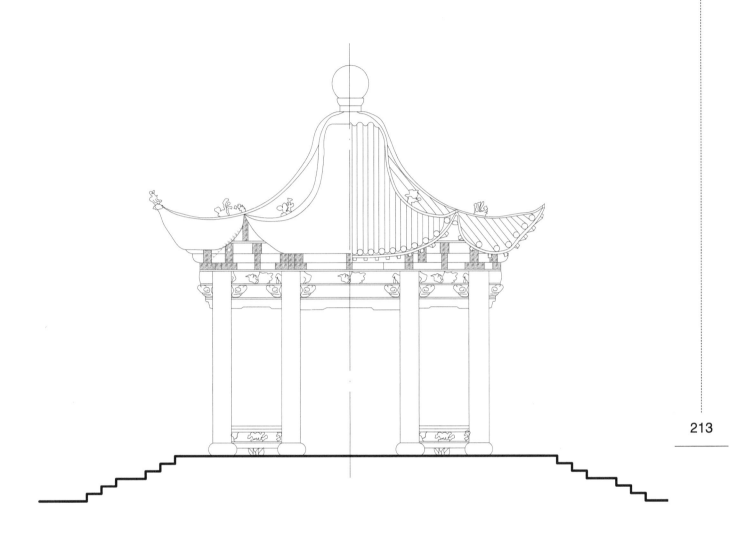

八角亭立面图

附

图

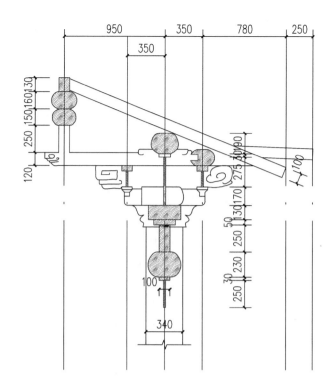

1—1剖面图

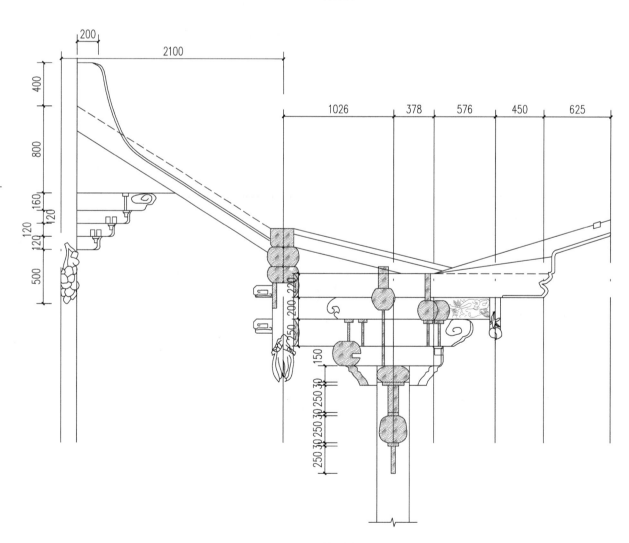

2—2剖面图

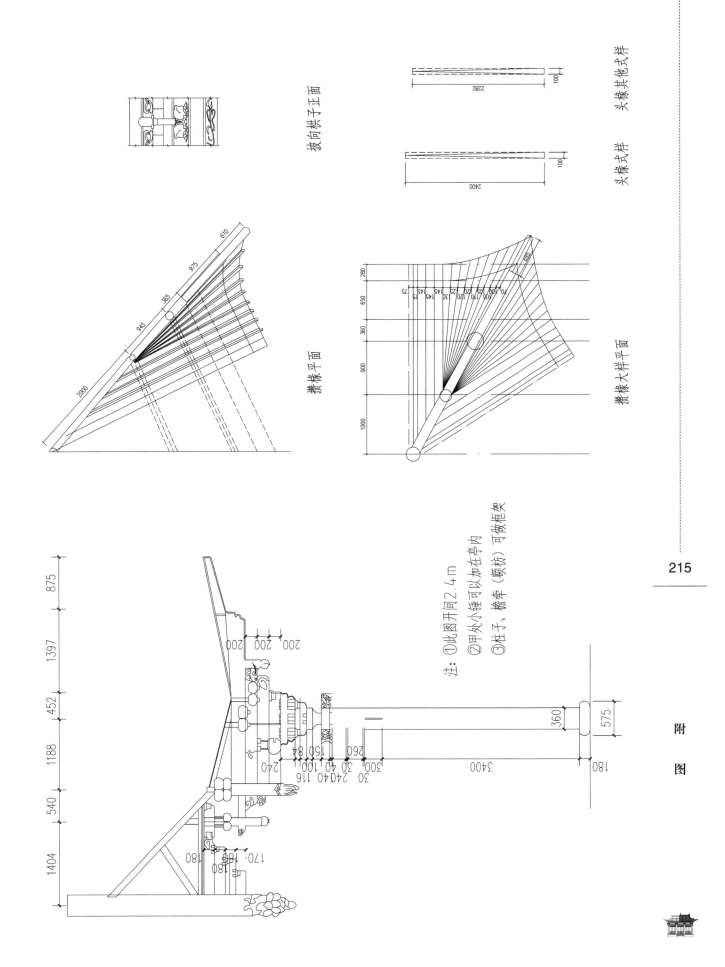

拔向拱子正面

头椽其他式样

头椽式样

2280
100

2400
100

610
975
955
365
945
2000

攒椽平面

攒椽大样平面

280
650
360
900
1000
650
70 100 170 120 30 145 75
105 170 103 145 125 145 75

875
1397
452
1188
540
1404

注：①此图开间2.4m
②甲处小锤可以加在亭内
③柱子、檐牵（额坊）可做框架

200 200 200

240
116
30 24 40
150 84
260
300 30 40 100

360
575

3400
180

附

图

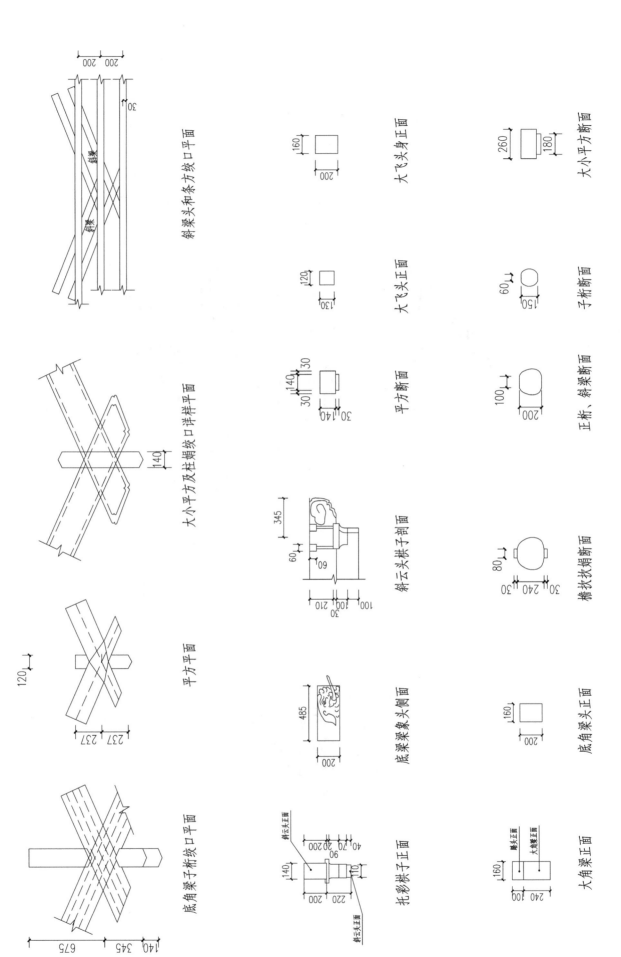

斜梁头和条方绞口平面

大小平方及柱褟绞口详样平面

平方平面

底角梁子桁绞口平面

大飞头身正面

大飞头正面

平方断面

斜云头栱子剖面

底梁象头象侧面

托彩栱子正面

大小平方断面

子桁断面

正桁、斜梁断面

檐扶褟断面

底角梁头正面

大角梁正面

栱、斗栱

一、二步栱子，四角、十角斗栱

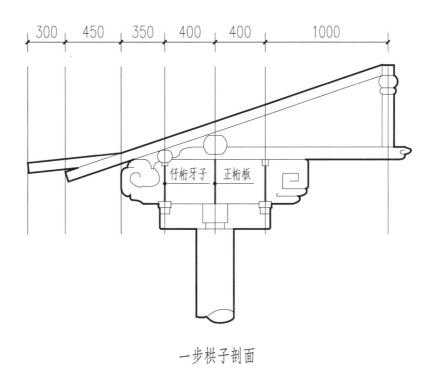

一步栱子剖面

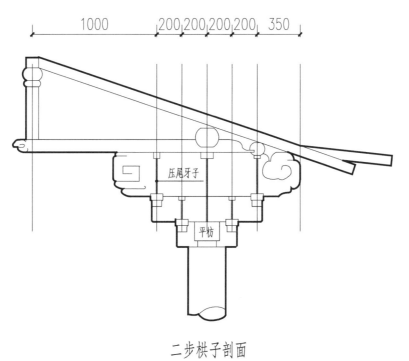

二步栱子剖面

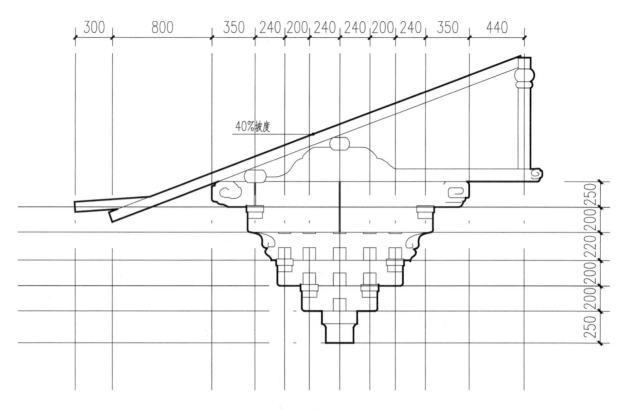

方格彩两步斗栱檐口（陀彩）四角斗栱剖面

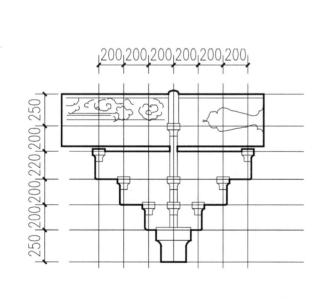

二步方格彩正面四角斗栱

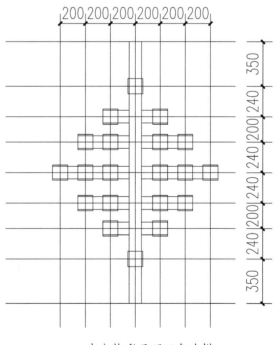

二步方格彩平面四角斗栱

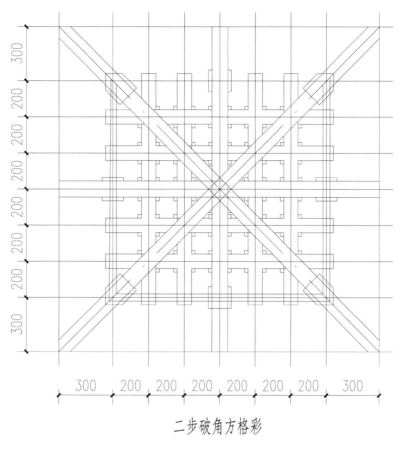

二步破角方格彩

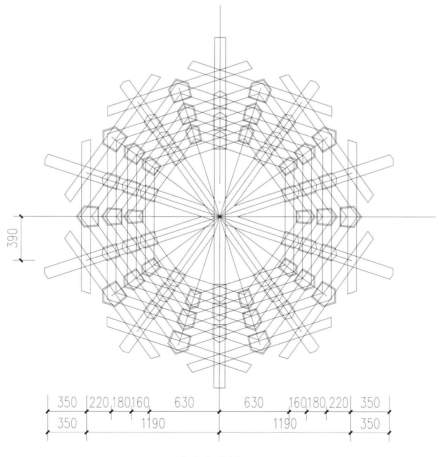

四步十角斗栱平面图

附

图

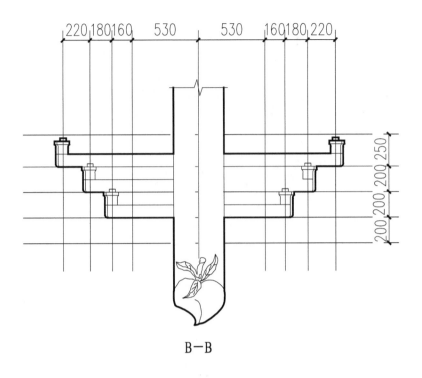

B—B

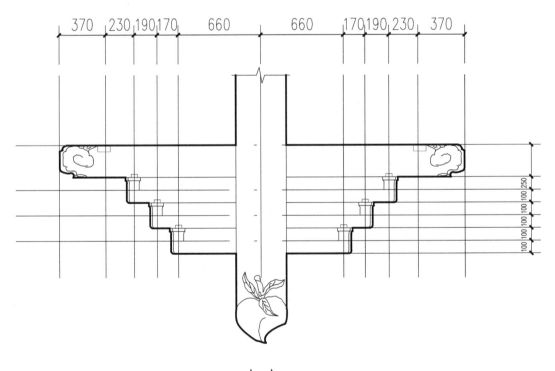

A—A

十角斗栱（天罗伞）剖面四步

五角斗栱（单彩）

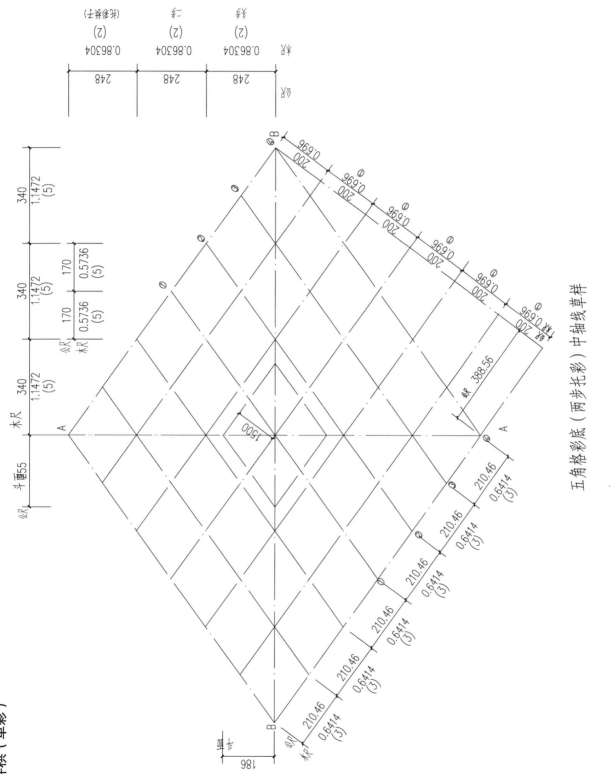

五角格彩底（两步托彩）中轴线草样

附

图

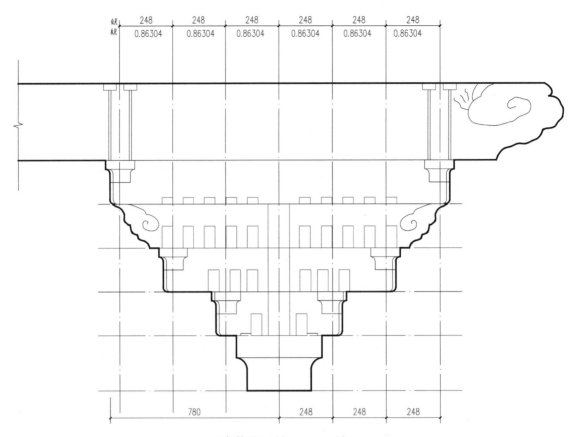

营尺	248	248	248	248	248	248
米尺	0.86304	0.86304	0.86304	0.86304	0.86304	0.86304

780		248	248	248

五角格彩正剖面A-A剖面

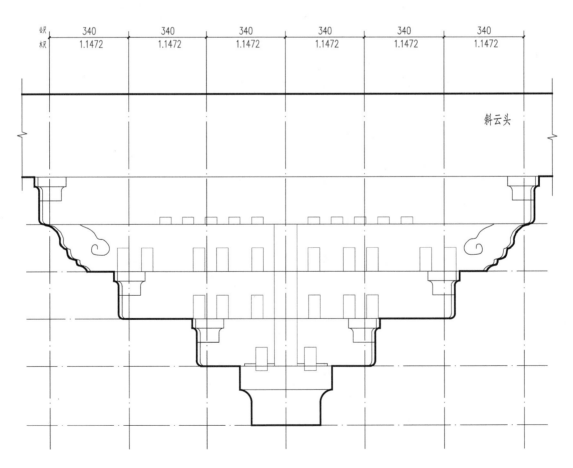

营尺	340	340	340	340	340	340
米尺	1.1472	1.1472	1.1472	1.1472	1.1472	1.1472

斜云头

斜角剖面B-B剖面

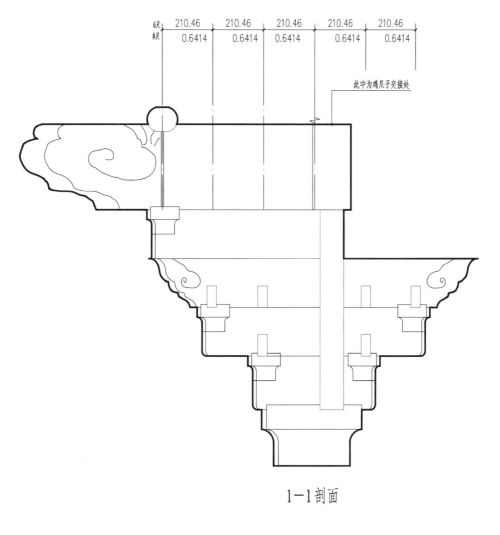

公尺	210.46	210.46	210.46	210.46	210.46
枳	0.6414	0.6414	0.6414	0.6414	0.6414

此中为鸡爪子交接处

1－1剖面

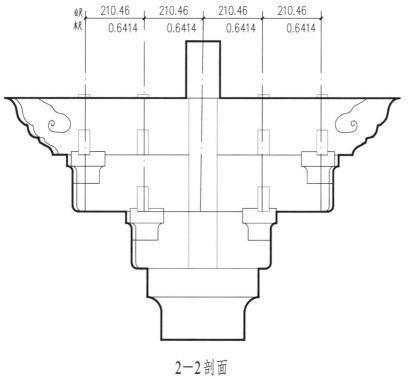

公尺	210.46	210.46	210.46	210.46
枳	0.6414	0.6414	0.6414	0.6414

2－2剖面

附

图

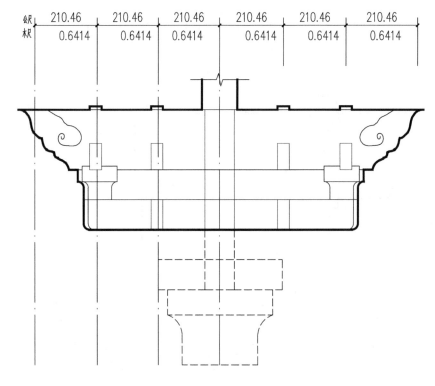

市尺	210.46	210.46	210.46	210.46	210.46	210.46
公尺	0.6414	0.6414	0.6414	0.6414	0.6414	0.6414

3—3剖面

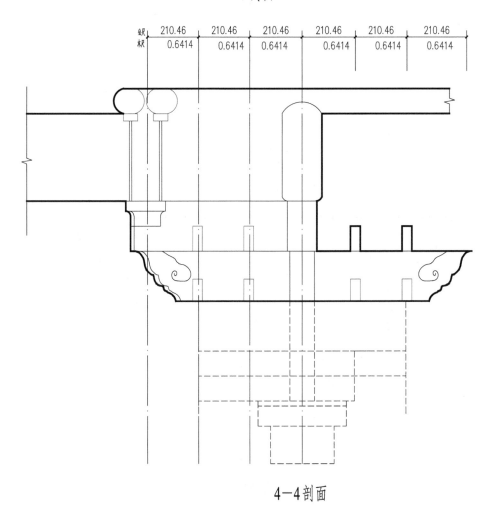

市尺	210.46	210.46	210.46	210.46	210.46	210.46
公尺	0.6414	0.6414	0.6414	0.6414	0.6414	0.6414

4—4剖面

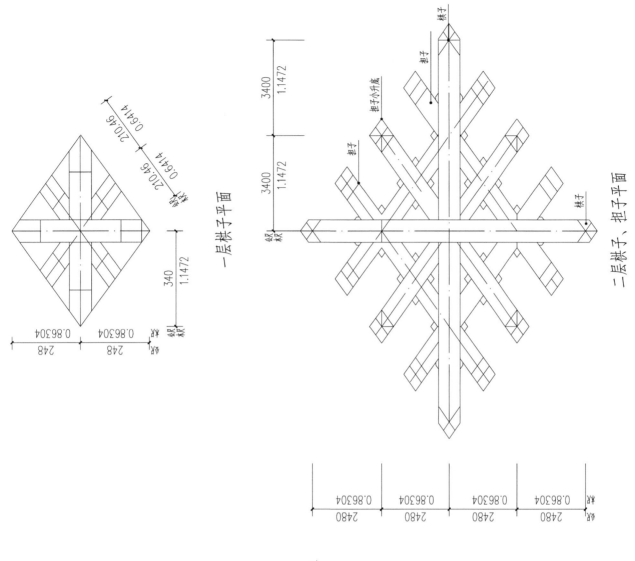

一层栱子平面

二层栱子、担子平面

栱子

担子

担子小升底

担子

栱子

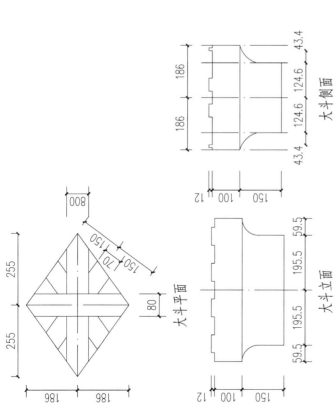

大斗侧面

大斗平面

大斗立面

大斗底

附

图

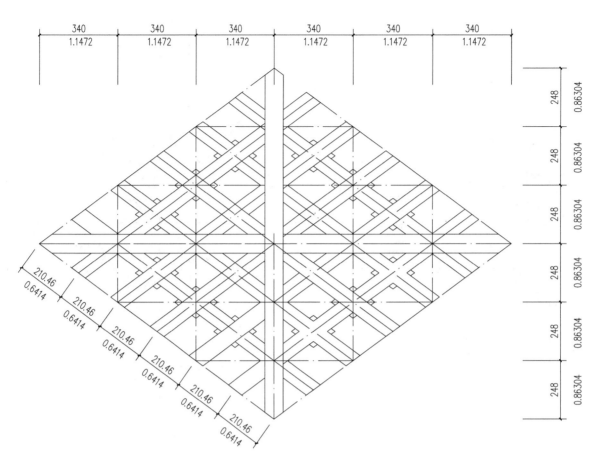

三层云头平面

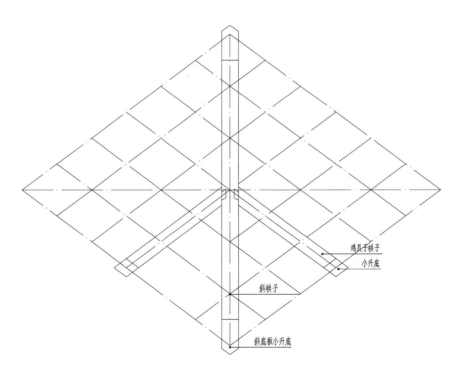

托彩栱子平面（鸡爪子栱子）

六角斗栱（单彩）

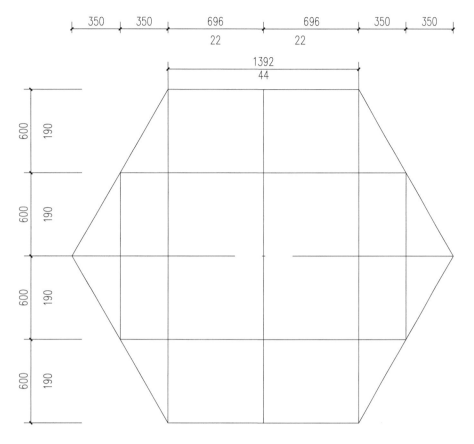

六角单彩计算法

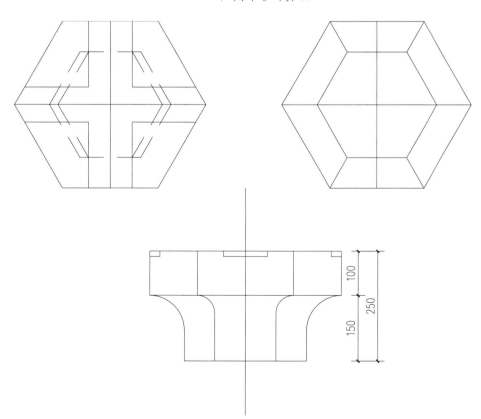

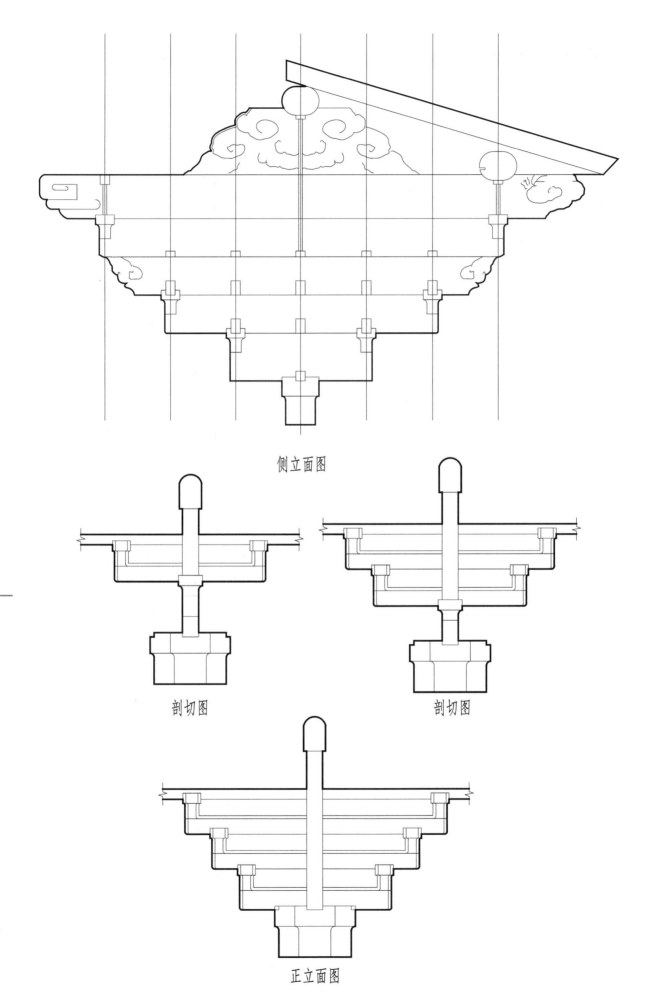

侧立面图

剖切图

剖切图

正立面图

八角斗栱（角彩）

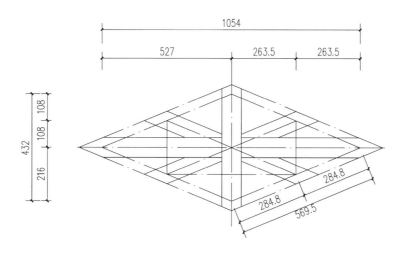

八角格彩一层平面草样

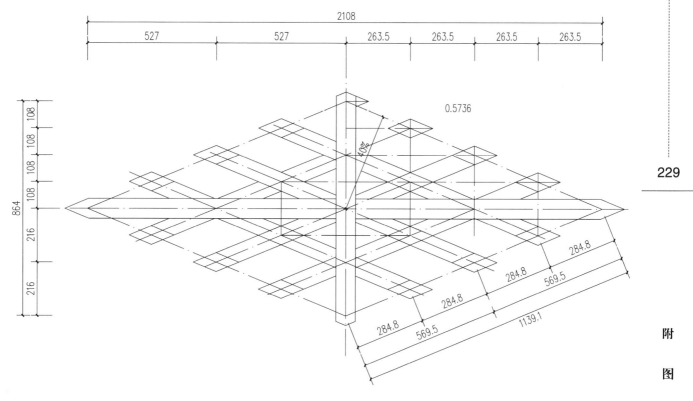

八角格彩二层平面草样

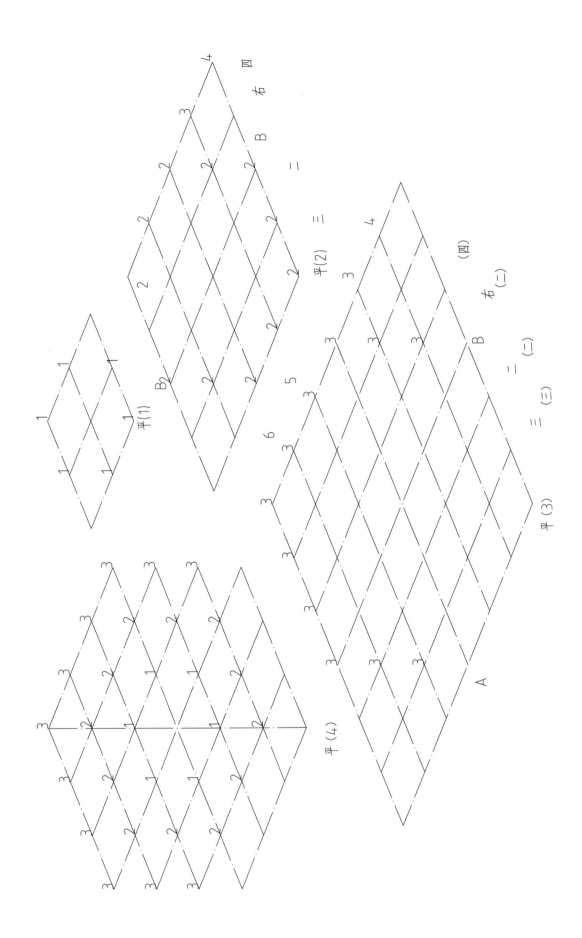

丝路甘肃建筑遗产研究：兰州传统建筑木作营造技术

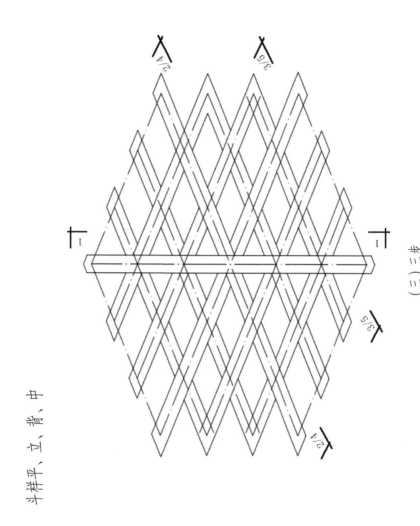

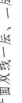

背

2
3
上(正)

背

斗样平、立、背、中

中

2
(正)

侧正

平面双线一层、二层、三层

(三)三步

(一)一步

(二)二步

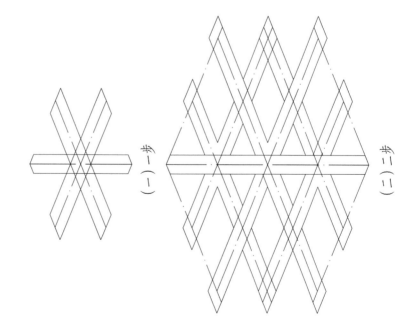

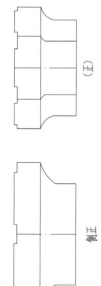

附　图

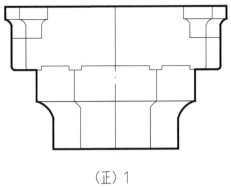

（正）1

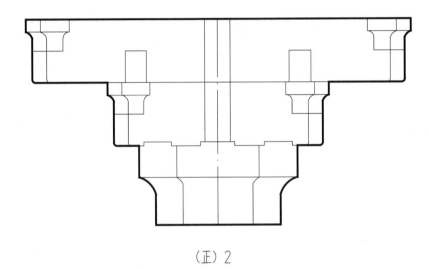

（正）2

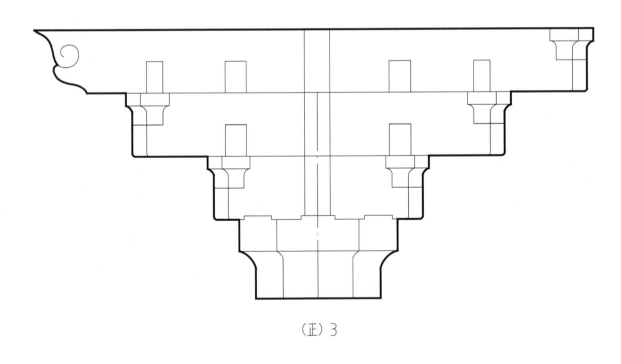

（正）3

正侧面一、二、三层

232

丝路甘肃建筑遗产研究：兰州传统建筑木作营造技术

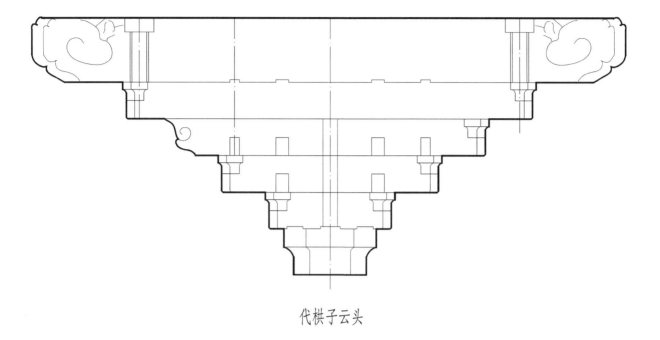

代栱子云头

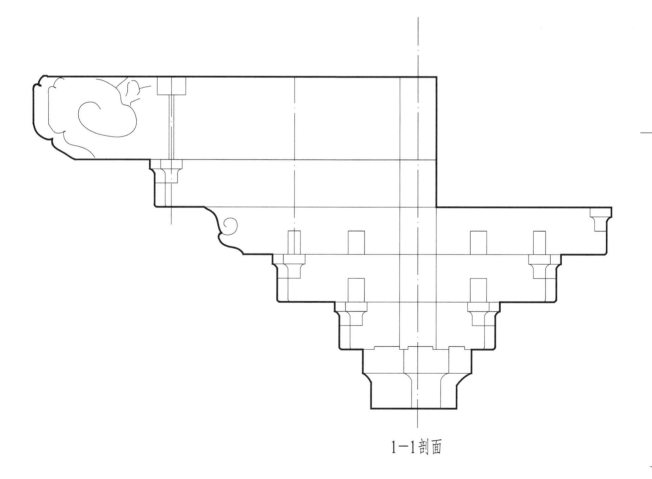

1-1剖面

附

图

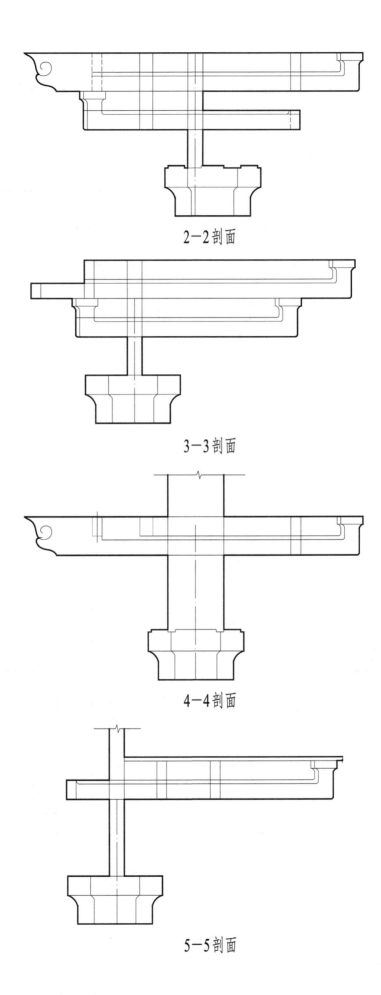

2—2剖面

3—3剖面

4—4剖面

5—5剖面

刻　饰

梁头

云子头

附

图

汉纹头

丝路甘肃建筑遗产研究：兰州传统建筑木作营造技术

鳌鱼头与象头

附

图

果实、云纹与汉纹

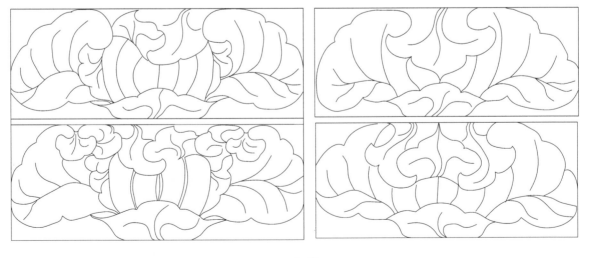

白菜

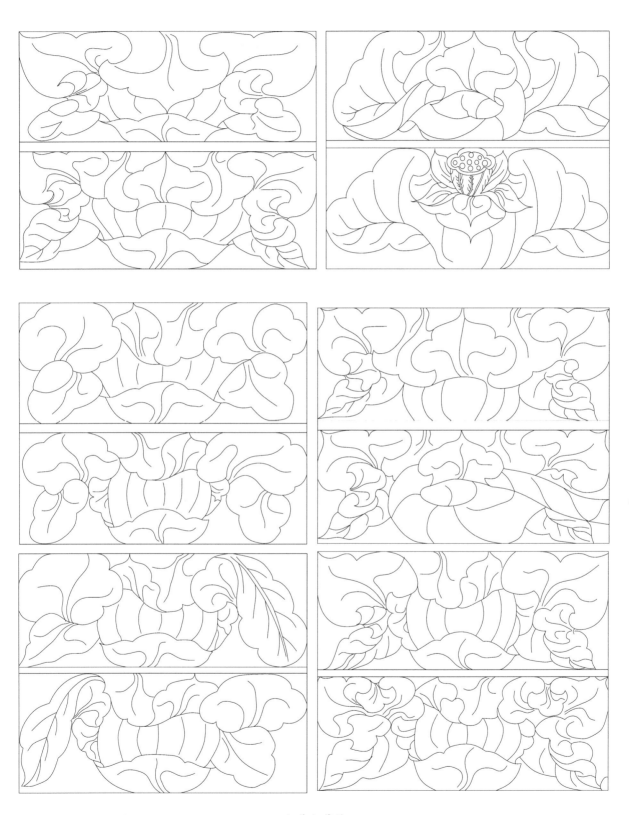

白菜与荷花

附

图

丝路甘肃建筑遗产研究：兰州传统建筑木作营造技术

汉纹与云纹

门窗等用夹档板

夹档板子（汉纹）

附

图

角云

丝路甘肃建筑遗产研究：兰州传统建筑木作营造技术

攒、桩、桠、博风板头、绰木等

附

图

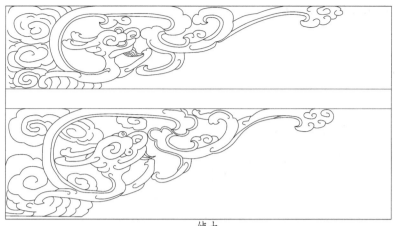

绰木

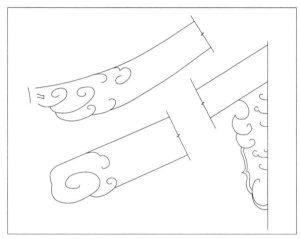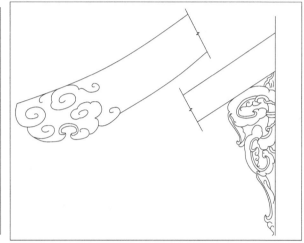

博风板

束腰子

束腰子

锤

汉纹头

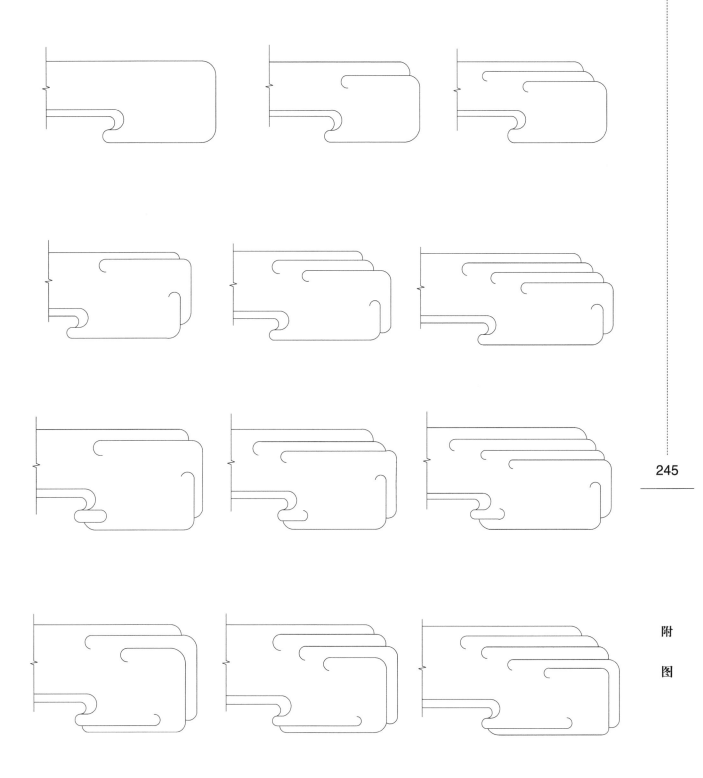

附

图

丝路甘肃建筑遗产研究：兰州传统建筑木作营造技术

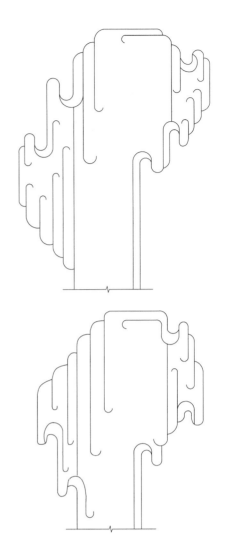

附

图

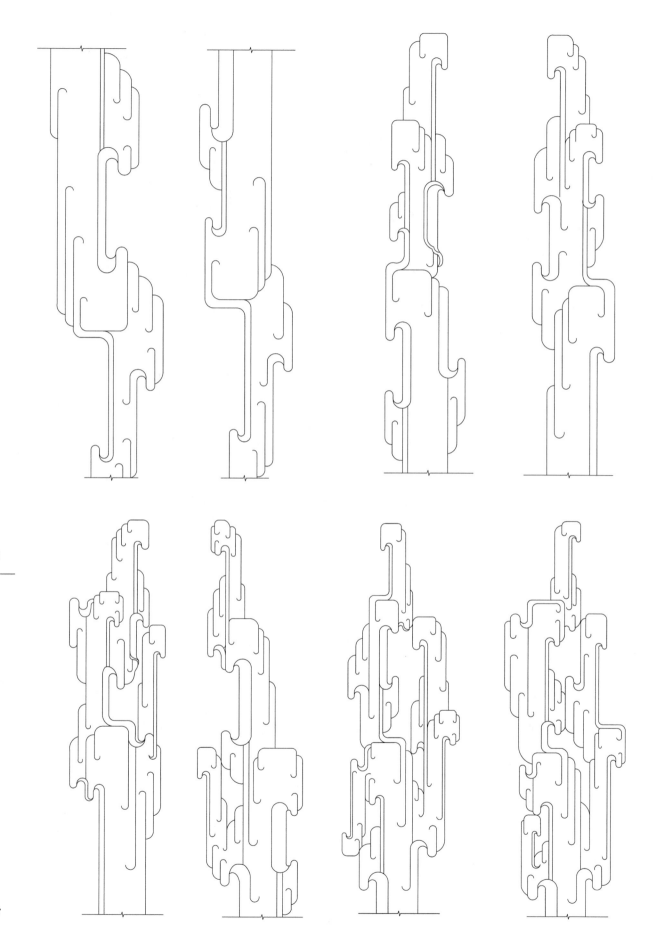

门窗装饰

金柱上的装修（上房可用）

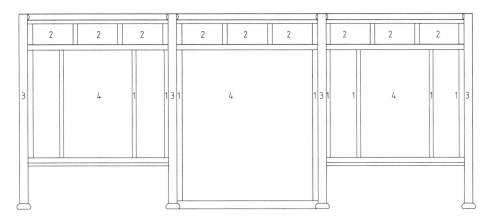

注 1.装修枋　2.排板　3.金柱　4.槅扇、门口、窗口　5.其他和上页同

三抱柱窗口和槅扇门口

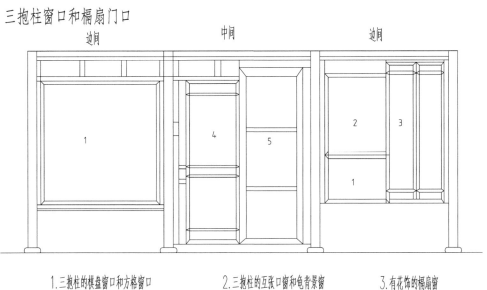

1.三抱柱的棋盘窗口和方格窗口　　2.三抱柱的互张口窗和龟背景窗　　3.有花饰的槅扇窗

4.有花饰的三抱柱槅扇窗门　　5.三抱柱的镶板门

四种木门

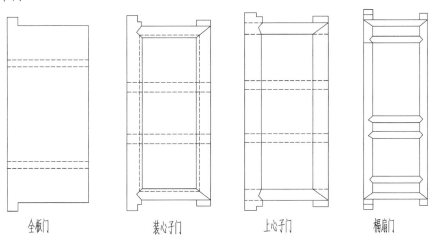

全板门　　　　装心子门　　　　上心子门　　　　槅扇门

附

图

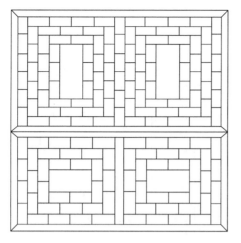

互张口豆腐架窗户

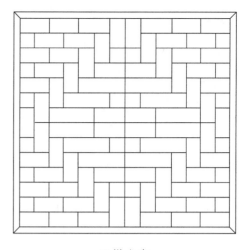

平棋盘窗

乱点梅花大方窗

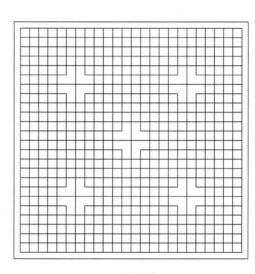

五福大窗

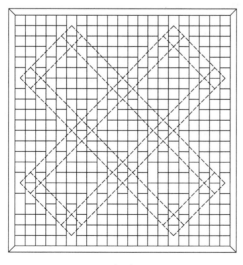

双五福窗

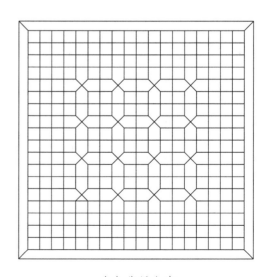

套龟背景方窗

丝路甘肃建筑遗产研究：兰州传统建筑木作营造技术

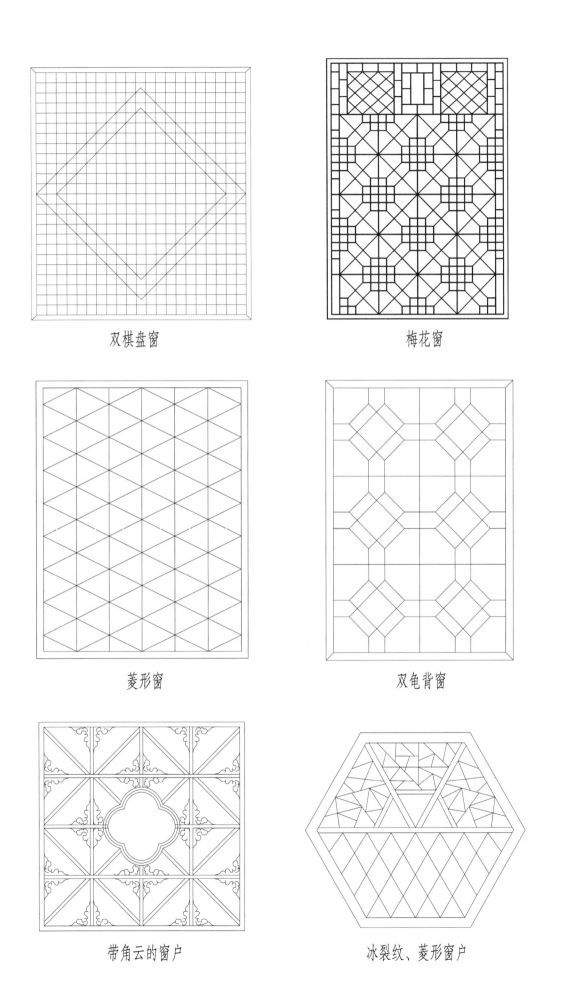

双棋盘窗

梅花窗

菱形窗

双龟背窗

带角云的窗户

冰裂纹、菱形窗户

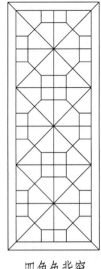
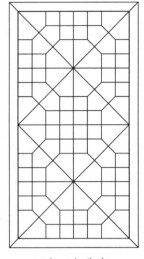
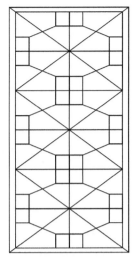

四角龟背窗　　　　　四角双龟背窗　　　　　四角长龟背景窗

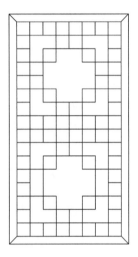
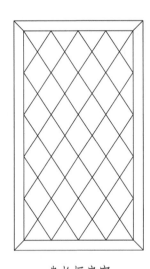
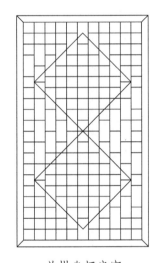

对拐子长方窗　　　　盘长槅扇窗　　　　　单棋盘槅扇窗

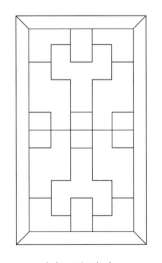
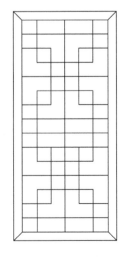
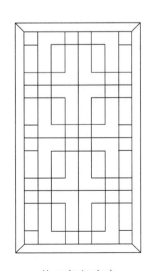

套拐子槅扇窗　　　　对拐子槅扇窗　　　　格子拐槅扇窗

丝路甘肃建筑遗产研究：兰州传统建筑木作营造技术

后　记

　　生长于东北，求学于西北，履职辗转于珠三角与长三角，最后随爱人又回到了培养我的兰州理工大学（原甘肃工业大学）任教。蓦然回首，我已经从母校毕业20年了，回想自己的经历，才发现对于建筑文化特殊的情感始终驱使着我关注一个城市文化的内涵赋存。对于跨越了大半个中国、主修中国建筑史的我来说，留在兰州，研究甘肃的建筑文化应该是一种缘分之初衷，也是一种责任之归宿。

　　2007年我从杭州回到学校，从建筑师做回教师。职业的转变也使我的人生轨迹发生了转折，爱人比我早入校半年，开始代"中国建筑史"课程，我就开始主代"古建测绘"课程。那个时候，我们这对"夫妻档"就形成了"建筑历史"学科团队。在理论与实践的交织中，在带领学生测绘的过程中，爬上爬下，跑东跑西，有一种这不怕那不怕的冲劲与干劲。同年，院长徐捷强先生委托我协助甘肃省建筑设计研究院对甘肃省政府院内的中山堂进行落架测绘，这是第一次真正意义上的对地方建筑的深入认知，这一点始终萦绕心间。

　　随着"古建测绘"课程的进一步开展与推进，日积月累，才发现经过十余年的坚持与不懈，已经测绘了不少的建筑，区域也遍布甘肃各个主要城镇：兰州、天水、陇南、武威与酒泉等。2010年开始，我参与到甘肃省文物建筑保护修缮评审的实践之中，又进一步体会到地方建筑与官式建筑在营造体系上之大不同，但又很少从文献之中窥其一斑。但是，在快速的城市建设背景下，大量的文物建筑成为了经济快速发展的绊脚石，这才发现甘肃地区的文物建筑需要得到关注，值得保护，更值得将研究成果"公布于众"。

　　2013年，我到西安建筑科技大学攻读博士学位，追随王军教授，接触了乡土建筑，并且加强了系统研究的观念。至此，开始有了对于甘肃地区古建筑进行系统研究的想法。2015年，我有幸认识了范宗平老先生，按照年龄算，他应该是我的父辈，其给人的感觉是为人正直、待人和善，尤其对我们这些教师格外尊重。随着与其深入交流，才发现范师傅应该是最早一批的"万元户"，这跟他的古建营造密切相关，参与主持了不少的兰州市园林建设项目，尤其说到对于白塔山的整体营建之时，跟在师傅段树堂的身后，与任震英先生聊天之时的神采奕奕。后来，我组织2014级建筑学的学生测绘白塔山，邀请范师傅给我们现场讲解兰州传统建筑的木作营造技术。在这之后，范师傅邀我去他的住处，送我一份由其与师傅段树堂先生留存下来的手稿，并与我说明能否让这些资料留存后世的想法。这一点令我十分佩服，其一，这是一个徒弟对于师傅的感恩；其二，这对于地方营造技术也是一大贡献。因此，我当时就表了决心，一定好好研究，将其出版。不过，这真的是一个巨大的工程，让我们的研究生参与其中，历时五年，随着时间的更迭，容颜的改变，学生的毕业，还弄得不是那么令人满意。然而，想着自己对老先生的承诺，就算抛砖引玉也罢，实则是了却一桩心事儿。

《丝路甘肃建筑遗产研究：兰州传统建筑木作营造技术》是对兰州地区传统建筑木作营造技术的一次梳理，同时也是对兰州地区不可移动文物建筑的互证记录。兰州地区现存的能够代表地域建筑营造特征的已经实属不多，这次结合范师傅保留下来的匠人手稿进行了大面积的勘察与对比研究工作，对于厘清兰州地区的木作营造技术体系是一次宝贵的尝试。众所周知，文物建筑保护工作也存在一些对于"原真性"的修缮性破坏，尤其是运用非地方营造技术来完成的工程项目，往往造成了对于文物建筑不可逆的破坏。每每看到此类问题的发生，不免心生遗憾，感叹文物建筑的历史与今生的不确定性，同时也更坚定了将并不成熟的地方营造技术进行出版的决心。这些图档又多了一种使命，对历史存在的真实呈现，同时也是对于地区营造做法的永续流传。

这本书是对地区建筑营造文化的深层认知，图档资料可谓是遗传密码。因此，全书总共分为两个部分：第一部分是团队对于兰州传统建筑营造的整体解读；第二部分则是将原始的图档资料数字化，且不做任何修饰。我想这更有利于有识之士对于"兰州地区传统建筑木作营造技术"的理解，以免我们的诠释存在偏颇，产生误读。由此可见，这两部分何尝不是一种互参互证的方式而存在呢？

本书的编写工作时间跨度较大，工作枯燥且艰巨，需要每个参与者的耐心与协作。这让我常常想起老一辈建筑学家梁思成先生在研究《营造则例》以及《营造法式》的艰苦历史，敬佩之心油然而生，这也是推动我们不断前行的动力。现在回首，参与研究地方营造法式的学生们更是获得了一种深耕后的内心平静，有两人分别去西安建筑科技大学与北京大学攻读博士，我想，这也算是星星之火的传承吧！

任何工作都不是一个人的事情，本书作为营造技术的第一卷，其倾注了整个团队的心血与情感。从深入测绘兰州古建筑的2004级、2005级、2008级、2013级与2014级本科生，到后面2016年研究生的相继加入，从前期对于图档进行数字化的绘图工作，到后期结合实际建筑的分类型研究，并不时地说走就走进行现场勘察，还要定期与范宗平、陈宝泉、张志远师傅进行探讨，是大家一起的努力才有了现在的成果。在与工匠交流的阶段，卞聪、苏醒、顾国权、赵柏翔、张莉、卢晓瑞、张琪、史一彤、雷鑫阳、卢萌、李佳洁、张丽萍、韩俊伯等先后与我和爱人一起参加系统的讨论工作；在图纸数字化上，顾国权、卢萌、李佳洁、张丽萍、韩俊伯、魏渊等同学付出了艰辛的劳动。统稿阶段，顾国权、卢萌等人先后负责，尤其是卢萌同学，她的硕士学位论文选题直接相关（卞聪之前也做了硕士论文，算是一个好的开始），付出极大。最后阶段，我与爱人以及卢萌一起对书稿进行了最后的校核，形成了最终稿。至此，经过数次图档与文字的订正，不厌其烦，我才感觉到前辈所说"著书立说之不易"，因此，研究要依靠团队的力量，"众人拾柴火焰高"，星星之火终究可以燎原。

本书出版之际，我要特别感谢两位恩师刘临安教授与王军教授，首先是刘老师将我带入"中国建筑史"研究的学术之门，先生的睿智与博学令我心生敬仰，对于古建筑的深刻认知令我终生受益。书稿付梓之际，刘老师亲自作序，勉励我学术需要严谨，我当铭记于心。其次，王老师为我们团队的研究增加了乡土内涵，先生已是一头银发，还依然致力于一线的调研工作，不辞辛劳，着实令我佩服。书稿付梓之际，王老师亲自作序，勉励我坚持不懈，给予我强大的动力。

本书出版之际，我还要衷心感谢科学出版社文物考古分社社长孙莉女士，是她的大力支持才使得丛书成为2019年科学出版社的重大出版项目，这给予团队莫大的信心。感谢出版社吴书雷编辑，其任劳任怨，且总在我心情低落之时给予支持，同时又不厌其烦地逐页勘误，提出适宜的修改意见。在此感谢出版社在书稿编校方面付出的极大努力与汗水。

本书编写历时7年，在后续编写过程中，还得到了甘肃省文物局、兰州市文化和旅游局相关领导和朋友的大力支持。尤其要感谢甘肃省文物局的王旭主任，兰州市博物馆的娄方研究员，感谢他们在百忙之中还要抽出个人时间为本书审稿，并提出很多中肯的意见。最后，感谢我的父母，为了支持我和爱人的工作，他们默默地付出了所有。

本书的编写虽然已历7个年头，也花费了大量的人力，但也仍然存在不少的遗憾。全书虽然涉及了多处兰州地区的传统建筑，但是还有很多典型的建筑，如红城感恩寺、永登鲁土司等重要建筑未被纳入其中。由于本书是以范宗平师傅木作流派之一脉作为主线，也难免会有很多其他的木作流派未能够悉数编入本书，像永靖古建筑修复技艺已经被列入国家级非物质文化遗产。时间有限，日后还需要花大气力对这些建筑、流派与技术进行重点研究。由于参编的人员较多，其专业学识与制图能力所限，书稿当中肯定还存在不少的疏漏甚至是错误之处。这些有待向有识之士以及前辈、同行学者的不断学习之中进一步修正，同时也是在给当下的我提供学术研究的经验。在此，敬请各位前辈、同行学者以及关注《丝路甘肃建筑遗产研究：兰州传统建筑木作营造技术》的有识之士，不吝赐教！在下将感激不尽，当研读深耕，以求改善一二。

兰州，作为丝路文化的一个历史重镇。立于时下，面对文物建筑的不断修缮，其不应该被其他地方营造技术所掩盖，我们应该潜心研究，继往开来，明晰当地的传统建筑的营造智慧，从而为文物建筑保护事业贡献一份力量。除此之外，对于地区性营造技术的系统研究则更是一个建筑历史工作者的应尽义务。本书的出版，如若给有识之士以零星启示，对于团队而言也算是一种慰藉。

孟祥武

2023年12月18日于兰州理工大学槐园

255

后

记